아두이노 기반
스마트 홈 오토메이션
- IoT 기반 스마트 홈 DIY -

Marco Schwartz 저

강태욱, 임지순 역

씨
아이
알

이 책은 이슈가 되고 있는 스마트 홈을 아두이노를 이용해, 쉽고 저렴하게 직접 만들 수 있는 방법들을 담고 있습니다. 책에서는 홈 오토메이션을 위한 각종 센서, 스마트 홈 관리를 위한 소프트웨어 및 서버 개발 등을 포함하고 있습니다. 저자는 오픈소스 기반 Open Home Automation 프로젝트를 이니셔티브하고 있으며, 관련 홈페이지를 통해 다양한 스마트 홈 프로젝트를 다운로드하고, 따라 할 수 있어, 이 주제에 관심이 있는 독자들에게 좋은 솔루션을 제공해줄 것입니다.

감사의 글

강태욱 :: 우리들의 공간을 스마트하게 만든다는 것은 참으로 흥미롭고, 재미있는 일입니다. 우리가 사는 홈, 빌딩과 같은 공간이 우리를 인식하고, 우리가 필요한 환경을 서비스해준다면, 공간과 교감하는 듯한 느낌을 받을 것입니다. 이 책은 우리가 공간과 교감할 수 있는 환경을 직접 만들 수 있도록 도와주는 책입니다.

저는 개인적으로 공간과 사물이 교감하는 방법을 연구하고 있습니다. 특히, 청소년과 아이들에게 지금까지 오픈된 기술들을 기반으로, 이런 스마트한 공간을 혼자서 창조 가능한 것임을 알려주고 싶습니다. 분명 재미있는 일이 될 것입니다.

최근 들어, 이슈화되고 있는 IoT(Internet Of Things)나 스마트 및 인터넷 기반 클라우드(Cloud) 기술들은 사실, 대부분 인터넷에 오픈되어 있고, 여러분이 원한다면 다운로드하여 사용할 수 있는 것들입니다. Google에서 3.4조 원에 인수한 NEST는 하나의 목적을 달성하기 위해 이런 기술들을 전략적으로 잘 정렬(Alignment)한 결과가 얼마나 많은 가치를 인정받을 수 있는지 보여주는 좋은 사례입니다.

이 책에서는 여러분이 공간과 사물을 인터넷으로 연결하고, 인터넷을 통해 이들의 상태를 스마트하게 모니터링할 수 있는 방법을 쉽게 알려주고 있습니다. 이 과정을 통해, 우리는 언론에서 보여주는 화려한 마법의 메커니즘을 무대 뒤에서 관찰하고, 직접 만들어보는 경험이 될 것입니다.

Maker Faire 2014에서 Maker로서 만나 스마트 홈과 빌딩에 대한 아이디어를 공유하고, 이 책의 공역에도 참여해준 임지순 님께 감사드립니다. 또한 저의 연구를 지지해주고 도와주신 교수님, 선배님, 동기들에게 감사한 마음을 전하고 싶습니다. 마지막으로, 저를 항상 응원해주는 아름답고 현명한 아내 박성원과 선우, 연수, 그리고 부모님께 깊이 사랑한다는 말을 전하고 싶습니다.

임지순:
아두이노로 대표되는 오픈소스 하드웨어는 일반 사용자 PC와의 간단한 연결, 쉽고 가벼운 IDE, 뛰어난 확장성, 거기에 방대한 생태계를 통해 사용자가 자신의 기획을 쉽게 구현하는, 즉 '응용에 집중'할 수 있는 기반을 조성해주었습니다. 그리고 이제는 Maker로 대표되는 취미 공학계의 대표적인 도구에 한정되지 않고 산업계로도 그 영향을 넓혀가고 있습니다.

기술에 대한 진입 장벽이 낮아짐과 함께 문화적인 변화도 확산되고 있습니다. 원 저자도 언급했던 것처럼, 3D 프린터는 오픈소스 하드웨어와 함께 제조업의 생태계를 바꾸어나가고 있고, 개인들이 생산 수단을 갖는 시대가 다가오고 있습니다.

지금은 우리의 삶을 지배하고 있는 하드웨어와 소프트웨어에 대한 호기심, 그리고 시간을 투자하고자 하는 의지만 있다면, 누구나 자신이 원하는 것을 직접 구현해볼 수 있습니다. 스마트 홈 시스템이 갖추어진 고급 아파트에 살지 않더라도, 이 책의 내용을 직접 실습해보면 자기 취향에 맞추어진 홈 오토메이션을 갖출 수 있는 것입니다.

자신의 힘으로 무엇인가를 만드는 것은 그 자체로 큰 성취감, 자신감을 가져오며, 인생을 풍요롭게 만들 수 있는 값진 경험입니다. 이 책이 이런 경험을 원하는 분들에게 작은 도움이나마 될 수 있기를 바랍니다.

즐거운 작업을 함께할 수 있도록 좋은 기회를 제공해주신 강태욱 박사님께 감사드리며, Maker 활동을 함께한 파트너인 손민식 님께도 감사드립니다. 그리고 집에서도 일에 매달려 있는 남편을 이해해주고 힘을 보태주는 아내 김희원, 삶의 축복인 아들 준빈 군에게도 사랑을 전합니다.

*참고
본 책은 강태욱이 서문부터 5장 5절까지 번역하였으며, 임지순이 5장 6절부터 9장까지 번역하였습니다. 이 책의 부록 '국내 부품 구매처'는 임지순이 직접 조사해 저술한 내용입니다. 나머지 부록 부분들은 강태욱이 이 책에서 부족한 부분을 보완해 저술한 내용입니다.

약력

강 태 욱 공학박사, Maker, 한국건설기술연구원 수석연구원, BIM학회 편집위원 등
합리적인 융합을 통해, 작지만 긍정적인 사회 가치를 만들기 위해 노력하고 있습니다.
현재는 BIM, GIS, 공간 정보, FM 및 역설계 관련 연구를 주로 하고 있습니다.

임 지 순 공학석사, Maker, 임베디드 소프트웨어 개발자
현재는 의료기기 분야에서 병원용 및 소비자용 제품의 하드웨어와 소프트웨어를 개발하고 있습니다.

감사의 글

저자 ..

내가 프로젝트 작업 중에 이 책을 쓰는 동안 나를 격려해준 나의 친구들에게….

내가 어려운 시기에, 다른 프로젝트를 하고 있는 동안 나를 지지해주고, 이 책을 쓰고 있는 동안에 응원해준 부모님께….

내가 하는 모든 일을 지지하고 격려해준 여자 친구 Sylwia에게….

당신들은 내가 매일 필요한 영감의 원천입니다. 오늘보다 좀 더 나는 사람과 기업가가 되기 위한 노력을 계속할 수 있게 해주었습니다. 감사합니다.

소개

저 자   저는 Marco Schwartz입니다. 저는 전자 엔지니어이며, 사업가이며, 저자입
니다. 저는 프랑스에서 공대 상위권 대학 중 한 곳에서 전자공학과 컴퓨터 공학
석사를 하였으며, 스위스의 EPFL 대학에서 마이크로 엔지니어링 석사를 취득
하였습니다.
저는 전자공학 분야에서 5년 이상 실무 경력이 있습니다. 저의 관심사는 전자
력, 홈 오토케이션, 아두이노 플랫폼, 오픈소스 하드웨어 프로젝트와 3D 프린
팅입니다.
2011년부터 저는 기업가로서 풀타임 작업을 하고 있고, 오픈소스 하드웨어와
제가 직접 만든 오픈소스 하드웨어 제품에 대한 정보를 웹사이트에 공유하고
있습니다.

웹사이트   이 책은 http://www.openhomeautomation.net Open Home Automation
웹사이트를 통해 관련 정보를 제공한다. 이 웹사이트에서, 여러분은 홈 오토메이
션과 오픈소스 하드웨어에 관한 많은 프로젝트, 리소스를 찾을 수 있을 것이다.
이 책의 모든 코드는 https://github.com/openhomeautomation/home-
automation-arduino 온라인으로 다운로드가 가능하다. 이 GitHub 저장소는
이 책에 있는 모든 프로젝트의 최신 코드를 포함하고 있다.

첫 번째 에디션 서문

친한 부자 친구의 집에 초대되었을 때 홈 오토메이션의 매력을 느꼈습니다. 저는 주위가 어두워질 때 조명을 자동적으로 켜고, 각 방의 온도를 자율적으로 조절하며, 그 정보를 중앙 서버로 보내고, 하우스의 알람 상태를 휴대폰을 통해 체크하는 것에 놀랐습니다. 하지만 그 하우스에 대한 오토메이션은 민간 업체에 의해 조율된 것이며, 돈 많은 사람들을 위한 것이었습니다. 지금도 홈 오토메이션 개발 비용은 매우 비쌉니다.

저는 개인적으로 이런 시스템의 또 다른 문제를 느꼈습니다. 본인이 이런 시스템을 전혀 컨트롤하지 못한다는 것이며, 제조사가 결정한 모든 것을 그대로 받아들여야 한다는 것입니다. 메인 컨트롤러, 센서, 소프트웨어 등 모든 것이 그렇습니다. 예를 들어, 만약 하나의 센서가 고장이 났다면 여러분은 센서 제조사 브랜드의 센서를 찾아 교체해야 합니다. 저는 이런 부분에 대한 변화를 생각했으며, 센서를 포함한 이런 것들을 좀 더 사용하기 쉽게, 고치기 쉽게 하고 싶었습니다.

여러분이 소유할 수 있는 홈 오토메이션을 스스로 만드는 방법은 주변에 많이 있습니다. 2003년도 첫 번째 마이크로컨트롤러를 사용했던 적이 있었습니다. 만약 여러분이 엔지니어링 세계에 있었다면, 실제로 이런 활용은 그리 어렵지 않을 것입니다. 이런 시스템은 꽤 패쇄적이었습니다. 그리고 그 시스템 플랫폼에 대해 많은 전문적인 지식이 필요했습니다. 이런 마이크로컨트롤러를 위한 평가판 키트는 비용이 매우 비쌌습니다.

하지만 몇 년이 지나고, 오픈소스 하드웨어라는 새로운 물결이 일어 났습니다. 이는 오픈소스 소프트웨어처럼 하드웨어 디자인을 자유롭게 할 수 있으며, 모두가 커스터마이징할 수 있다는 것을 의미합니다. 오픈소스 하드웨어 운동으로, 전자공학 분야에 큰 영향을 주는 아두이노(Arduino) 플랫폼이 만들어졌습니다. 아두이노는 매우 나이스하고 환경 친화적이며, 프로그래밍하기 쉽습니다.

아두이노는 많은 부분을 변화시켰고, 홈 오토메이션에도 적용되었습니다. 이제 누구나 약간의 전자 및 프로그램 경험으로 여러분 자신의 홈 오토메이션 시스템을 만들 수 있습니다. 여러분은 이 책에서 이런 부분을 배우게 될 것입니다.

세 번째 에디션 서문

첫 번째 에디션 이후 수많은 사람들이 책에서 소개한 방식으로 자신의 홈 오토메이션 시스템을 만들기 시작하였습니다. 저는 많은 생산적인 피드백을 받았고, 이 책을 세 번째 에디션으로 개선하기에 이르렀습니다.

제가 받은 코멘트 중 일부는 제시되는 프로젝트에 대한 난이도였습니다. 프로젝트에 대한 콘텐츠는 상대적으로 적었으며, 프로그래밍에 대한 내용은 많았습니다. 예를 들어, 저는 Python, PHP, HTML과 JavaScript를 조합해 사용했으며, 웹서버를 설치하고 실행해야 했습니다.

이런 난해한 부분을 고려해 내용을 쉽게 이해할 수 있도록 노력했습니다. 첫 번째, 이 책을 두 부분으로 구분하였고, 첫 번째 파트는 홈 오토메이션 시스템을 특정 컴퓨터 OS 및 소프트웨어 종류에 의존하지 않고, 독립적으로 동작할 수 있도록 내용을 채웠습니다. 그러므로 이 프로젝트들은 아두이노 프로그램 언어만을 사용합니다.

두 번째 파트는 홈 오토메이션 프로젝트에 무선 모듈을 추가하고, 컴퓨터와 인터페이스하는 방법을 배웁니다. 이를 위해 JavaScript만을 사용하며, 나머지 Python, PHP와 같은 언어는 사용하지 않았습니다. JavaScript 라이브러리인 Node.JS를 사용하여 서버와 통신합니다. 이를 통해, 무거운 웹서버를 설치할 필요가 없어졌습니다.

저는 이 책의 새로운 부분을 좋아하고, 이 책에서 배운 것을 당신만의 흥미로운 홈 오토메이션을 만드는 데 사용했으면 하는 바람입니다.

Contents

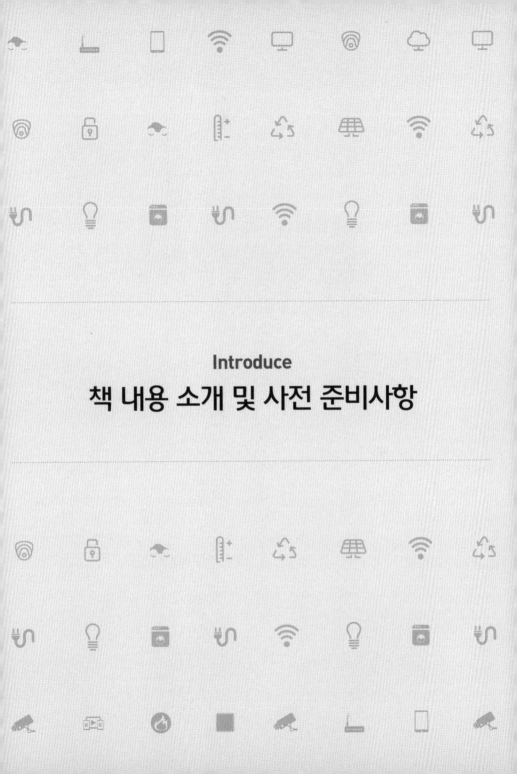

Introduce

책 내용 소개 및 사전 준비사항

책 내용 소개 및 사전 준비사항

0.1 이 책은 어떻게 구성되어 있는가?

이 책은 두 파트로 구분되어 있다. 첫 번째 파트는 자체 홈 오토메이션 시스템을 만드는 것이다. 예를 들어, 우리는 모션 센서를 이용해 간단한 알람(경보) 시스템을 만들 것이다.

두 번째 파트는 홈 오토메이션 프로젝트를 무선으로 여러분의 컴퓨터와 인터페이스하게 될 것이다. 예를 들어, 우리는 WiFi로 조명을 제어하는 그래픽한 인터페이스를 만들 것이다.

이 책은 특별한 주제에 대한 프로젝트들로 구성되어 있으며, 여러분은 이와 관련된 새로운 기술들을 배울 것이다. 이를 통해 유사한 프로젝트를 좀 더 빨리 배울 수 있으며, 여러분 자신의 집에 맞도록 홈 오토메이션 시스템을 만들 수 있는 도구들을 배우고 구비하게 될 것이다. 이 책의 목적은 여러분이 스스로 오픈소스 하드웨어를 이용해 홈 오토메이션의 세계를 만들 수 있도록 하는 것이다.

각 장은 매우 기본적인 고려사항과 프로젝트로 시작하며, 점점 복잡한 홈 오토메이션 프로젝트를 만들어 갈 것이다. 각 장에서 여러분은 미니 프로젝트로써 구성된 장을 만날 것이다. 프로젝트를 통해 여러분이 필요한 하드웨어가 무엇인지, 어떻게 이를 사용하는지를 스크린샷과 그림을 통한 가이드를 통해 배울 것이다.

참고로 레퍼런스로 웹사이트 링크가 표시된다. 이런 것들은 하드웨어 부품들을 확인하는 데 도움을 준다(참고로, 언급된 링크와는 어떤 상업적인 계약을 맺은 적이 없음을 밝힌다). 또한 각 프로젝트에서 본인이 사용해본 유사한 하드웨어 부품을 언급하고 있다.

모든 장들은 프로젝트를 개발하기 위한 코드를 포함한 상세한 따라하기를 포함하고 있다. 이를 통해 각각의 홈 오토메이션 프로젝트 작업을 이해할 수 있다. 몇몇 프로젝트의 코드는 매우 길기 때문에 이 책에서는 중요한 부분만 따라할 수 있도록 하였다. 이런 이유로 독자는 완전한 소스코드가 있는 GitHub 저장소를 항상 참고하는 것이 좋다.

https://github.com/openhomeautomation/home-automation-arduino

모든 장은 각각 독립적으로 디자인되었고, 여러분이 좋아하는 프로젝트에서 시작할 수 있다. 하지만 처음 시작하는 독자라면 이 책의 시작부터 따라하기를 권장한다.

1장에서는 여러분은 아두이노 플랫폼이 무엇인지, 왜 홈 오토메이션 시스템에 큰 역할을 하는지를 배울 것이다. 이 장은 아두이노 플랫폼을 소개하고, 첫 번째 홈 오토메이션 프로젝트를 할 수 있게 도와준다.

2장에서는 여러분이 오픈소스 하드웨어 플랫폼이 아두이노를 이용해 센서를 통한 측정을 하고, LCD 스크린에 측정값을 표시해주는 방법을 배울 것이다.

3장에서는 홈 오토메이션으로의 여행을 계속해, 스마트 조명 제어를 개발하고, 자동적으로 주변 광량에 따라 램프를 제어하는 방법을 배울 것이다.

4장에서는 이 책의 두 번째 파트를 소개하고, 무선 홈 오토메이션 시스템을 개발할 것이다. 첫 번째 무선 프로젝트에서, XBee 운동 센서를 만들고, 여러분의 컴퓨터로부터 이를 관리하도록 할 것이다.

5장에서, 우리는 또 다른 무선 기술인 Bluetooth를 사용한다. 이를 통해, 온도와 습도 센서를 인터페이스하고, 데이터를 원격으로 측정한다. 우리는 이 데이터를 여러분의 컴퓨터에 표시하도록 할 것이다.

6장에서, 여러분이 어떻게 WiFi를 사용해 조명을 제어하는지를 배울 것이다. 이를 통해, 컴퓨터에서 램프를 조절하는 것뿐만 아니라, 어떤 장치와도 여러분의 WiFi 네트워크를 통해 제어할 수 있다.

7장에서, 우리는 이 책에서 배운 모든 것을 사용하여, 어떻게 작은 홈 오토메이션 시스템을 만드는지, 많은 장치를 구성하는지, 중앙 인터페이스와 통신을 하는지를 알게 될 것이다.

0.2 왜 오픈소스인가?

이 책의 모든 프로젝트들은 오픈소스 하드웨어와 소프트웨어로 구성된다. 오픈소스의 이익은 무엇일까?

오픈소스 하드웨어 운동에 대해 몇 가지 말하고 싶은 것이 있다. 오픈소스 소프트웨어는 이미 리눅스 운영체계와 관련 생태계로 빠르게 성장했다. 하지만 오픈소스 하드웨어는 최근에 시작된 것이다. 어떻게 하드웨어가 오픈소스가 될 수 있을까? 많은 하드웨어 오픈소스 라이센스가 있지만, 기본적으로, 오픈소스 하드웨어 시스템은 PCB 스키메틱(schematics) 파일을 무료로 사용하고, 누구나 수정할 수 있으며, 오픈소스 소프트웨어처럼 다운로드할 수 있다는 것을 의미한다. 오픈소스 하드웨어는 3D 프린팅을 통한 오픈소스 디자인을 고려할 수도 있기 때문에 실용적이다.

하드웨어 시스템을 위한 오픈소스 접근은 몇 가지 이득이 있다. 첫 번째는 사람들이 하드웨어 시스템 내부를 들여다볼 수 있고, 오픈소스 소프트웨어와 함께 동작하는 방식을 이해할 수 있다. 본인은 큰 이익 중 하나가 사람들이 하드웨어 시스템을 수정하고, 이를 커뮤니티에 공유할 수 있는 것이라 생각한다. 이는 유저들을 참여시킴으로써 하드웨어 제품의 개발 프로세스를 좀 더 생산적일 수 있게 하며, 오픈된 하드웨어 제품에 대한 커뮤니티가 만들어질 수 있도록 한다.

이것이 저자가 오픈소스를 이 책의 핵심으로 두었는지에 대한 이유이다. 여러분은 이 책에서 발견한 모든 프로젝트의 소스를 접근할 수 있기 때문에, 이 코드들에 대한 좀 더 깊은 이해가 가능하며, 이를 수정하고, 개선하고, 커뮤니티에 공유할 수 있을 것이다. 개인적으로는 설교하듯이 홈 오토메이션과 같은 기술에 대해 이야기하는 것을 좋아하지 않는다. 본인은 여러분이 이 책을 통해 배운 것을 바탕으로 자신만의 시스템을 만들 수 있기를 바란다.

0.3 여러분이 배울 것은?

⬛ 이 책을 읽고 홈 오토메이션을 만들어보기 전에 여러분이 배울 것을 간단히 설명하려 한다.

물론 여러분은 홈 오토메이션을 배울 것이다. 여러분은 여러분 집 안의 온도를 측정하고, 이를 컴퓨터에 표시할 것이고, 경보 시스템을 배우고, 여러분의 명령이나 주변광에 따라 조명을 제어하는 방법을 배울 것이다. 이를 개발해보면서 플랫폼의 중요한 부분으로 만들어질 것이다. 여러분이 만든 플랫폼은 다른 프로젝트에도 사용할 수 있다.

여러분은 일반적인 전자공학 개념에 대해 배울 것이다. 이로부터 어떻게 모션 센서가 아두이노 보드와 연결되는지를 배울 것이다. 우리는 전자공학의 많은 부분을 다룰 것이며, 홈 오토메이션과 관련된 몇몇 분야에서 활용될 것이다.

또한 여러분은 소프트웨어 개발을 배우게 될 것이다. 우리는 아두이노 보드와 IDE(통합 개발 환경, integrated development environment)을 통해 프로그래밍을 할 것이다. 본인은 HTML과 Javascript를 간략히 소개하고, 원격 측정 시스템을 만들며, 여러분의 컴퓨터로 홈 오토메이션 시스템을 제어할 것이다. 이런 방식으로 프로젝트와 컴퓨터 언어를 경험함으로써, 여러분은 소프트웨어 개발에 필요한 견고한 백그라운드를 얻게 될 것이다.

0.4 안전 고려사항

여러분이 이 책에서 배우는 대부분의 프로젝트는 낮은 전압 장치를 사용한다. 하지만 실제 홈 오토메이션 시스템에서는 램프와 같이 110 또는 230V를 사용하는 장치에 명령을 내리기 때문에 몇몇 프로젝트에서는 이런 전압 소스를 사용할 때 부주의하면 위험해질 수 있다.

하지만 걱정하지 않아도 된다. 여러분은 홈 오토메이션과 아두이노를 배울 때 여러분의 시스템을 이런 전원에 연결하지 않고 진행할 것이고, 만약 이런 장치를 여러분의 집에 실제 설치하고 싶다면 주의 깊게 이와 관련된 단원을 읽고 작업하면 된다.

일반적으로 50V 이상이면 위험하며, 25V 이하는 안전하다.

아두이노는 5V 또는 3.3V로 동작하므로 대부분의 회로는 안전하지만, 110V나 230V를 사용하는 회로는 주의 깊게 연결해야 한다. 50V 이상 전압에 직접 연결하는 경우 리스크는 매우 높고, 심장마비·화상 등을 입고, 죽음에 이를 수도 있다.

실제로 고전압 작업 시 이런 리스크들을 피하는 것은 어렵지는 않다. 그중 하나는 회로를 꺼놓고 작업을 하는 것이다. 회로상에서 문제가 있을 경우 회로가 동작할 때는 만지지 않아야 한다.

또한 회로를 만지기 전에 회로에서 잔류 전류가 남아 있지 않은지를 확인해야 한다. 몇몇 고전압 회로는 전원이 셧다운되었더라도 전류가 특정 전자회로 부품에 남아 있을 수 있다. 하지만 이 책에서는 이러한 회로는 없다.

0.5 사전 준비사항

이 책에서는 실제 프로젝트를 만들어보지 않고, 책만 읽을 수도 있으나 본인은 이 프로젝트들을 직접 만들어볼 것을 권장한다. 사전 준비사항은 다음과 같다.

이 프로젝트들은 OS X나 Linux 운영체계뿐 아니라, 윈도우 운영체계에서도 완벽히 동작한다.

프로그래밍의 경우 우리는 C/C++과 유사한 Java 언어, HTML, Javascript를 사용한다. 이런 언어들의 전체 기능은 소개하지 않지만 몇 몇 중요한 기능은 설명한다.

전자공학의 경우 각 전자 부품의 기능을 소개하고, 이런 전자 부품을 구입할 수 있는 웹사이트와 같은 링크를 제공한다. 모든 프로젝트는 브레드보드를 사용하여 빠르게 프로토타이핑할 것이다. 이 책에서 요구되는 하드웨어와 소프트웨어 대부분은 각 장에 설명되어 있다.

아두이노 IDE는 다음의 아두이노 공식 웹사이트에서 다운로드할 수 있다.

http://arduino.cc/en/Main/Software

이 책의 두 번째 파트에서, 우리는 무선으로 컴퓨터와 연결하는 방법을 다룬다. 서버 측 코드를 개발하기 위해 Node.js가 필요하다. Node.js는 Javascript를 이용해 서버 측 코드를 개발할 수 있도록 하며, 홈 오토메이션 프로젝트를 위한 인터페이스를 지원한다. 다음 링크에서 이를 다운로드할 수 있다.

http://nodejs.org/download/

모든 플랫폼에서 Node.js를 쉽게 설치할 수 있다. 설치 파일을 다운로드하고, 주어진 지시에 따라 소프트웨어를 설치하라.

만약 여러분이 윈도우에서 작업한다면 Node.js가 동작되기 위해서 다음 폴더 내에 npm 이름의 폴더를 만들어야 한다.

```
C:₩Users₩yourUserName₩AppData₩Roaming₩
```

만약 여러분이 Ubuntu나 리눅스 하에서 작업한다면, 여러분은 다음과 같이 터미널에서 명령을 입력해야 한다.

```
sudo apt-get install python-software-properties
sudo apt-add-repository ppa:chris-lea/node.js
sudo apt-get update
```

다음 명령을 Node.js 설치를 위해 입력한다. 참고로 리눅스 하에서 Node.js는 nodejs로 불린다.

```
sudo apt-get install nodejs
```

만약 Raspberry Pi를 사용한다면, 터미널에 다음 명령을 입력한다.

```
sudo wget http://node-arm.herokuapp.com/node_latest_armhf.deb
```

다음을 입력해 Node.js를 설치한다.

```
sudo dpkg -i node_latest_armhf.deb
```

Chapter 01

시작하기

01

시작하기

1.1 아두이노 플랫폼

실제 홈 오토메이션 프로젝트를 진행하기 전에 아두이노 플랫폼에 대해 이야기를 하려 한다.

아두이노의 역사는 2005년에 시작되었으며, Massimo Banzi와 David Cuartielles에 의해 비전문가도 쉽게 프로그래밍할 수 있는 장치로 시작되었다. 아두이노 플랫폼은 보드와 마이크로컨트롤러뿐 아니라, 완전한 하드웨어와 소프트웨어 생태계 시스템을 다른 마이크로컨트롤러 솔류션보다 훨씬 단순하게 만들었다.

하드웨어 측면에서 아두이노는 단일 보드 마이크로컨트롤러 시스템으로, 일반적으로 8비트 Atmel AVR 마이크로컨트롤러를 가지고 있으며, Arduino Due는 32비트 ARM 프로세스를 가지고 있다. 우리 프로젝트에서는 많은 전원이 필요하지 않기 때문에 Arduino Uno를 사용한다.

아두이노 보드 특성은 보드에 장착되는 쉴드(shield)로 불리는 확장 보드를 쉽게 플러그인할 수 있는 핀들이 노출되어 있다. 이 쉴드는 보드에서 다양한 기능을 추가할 수 있는데, 예를 들어, 로보틱스 어플리케이션을 위한 DC 모터 제어나 모바일폰 또는 Bluethooth와 같은 무선 등을 지원한다.

아두이노는 강력한 소프트웨어 도구의 지원을 받는다. 아두이노 보드를 프로그래밍하기 위해, 여러분은 아두이노 소프트웨어(무료로 다운로드 가능)를 사용하여, 코드를 프로그래밍하고, 보드에 코드를 업로드할 수 있다. 다른 마이크로컨트롤러와 비교해보면, 이런 프로그래밍은 매우 쉽게 이뤄진다. 예를 들어, LED를 켜고 끄는 것과 관련된 아두이노 코드는 단지 한 줄이면 되지만 다른 마이크로컨트롤러는 많은 소스 라인들이 필요하다.

또 다른 중요한 점은, 아두이노 플랫폼은 큰 커뮤니티들이 있으며, 공식 아두이노 웹사이트(www.arduino.cc)에서 잘 정리된 매뉴얼 등 기능에 대한 문서와 예제를 활용할 수 있다는 것이다. 여러분은 이 보드의 기능에 대한 유용한 튜토리얼을 찾아볼 수 있다.

다음은 이 책의 프로젝트에 사용된 아두이노 우노 보드이다.

보드는 매우 작다. 보드에서 오른쪽 하단 부품이 Atmel 마이크로컨트롤러이며, 보드의 두뇌에 해당한다. 우리가 개발한 홈 오토메이션 프로젝트 소프트웨어는 여기서 동작한다. 보드의 위, 아래 부분은 두 줄의 커넥터로 되어 있다. 이 커넥터는 아날로그 입력, 디지털 입출력, 그라운드, 5V와 같이 입력과 출력 신호를 연결하는 데 사용한다. 왼쪽 위 코너 부분은 USB 커넥터가 있으며, 호스트 컴퓨터와 연결한다.

1.2 작업에 필요한 전자공학에 대한 설명

이 책은 전자공학 설명서는 아니다. 이에 대해서는 많은 책들이 있다. 이 책은 여러분에게 홈 오토메이션 시스템을 어떻게 만드는지 알려주기 때문에, 각 전자 부품, 센서, 다른 장치와 아두이노 보드를 어떻게 연결하는지를 코치해준다.

하지만 이런 전자 부품을 연결하는 작업을 이해하기 위해 여러분은 기본적인 전자공학 원리를 이해할 필요가 있다. 이 장은 이 책에서 프로젝트에 사용되는 이런 원리를 설명한다.

전자공학에서 사용하는 주요 변수들

회로를 특성화하기 위해, 많은 변수들이 사용되지만 그 중 중요한 것만 살펴보도록 하겠다.

전자회로는 마치 포인트 A에서 포인트 B로 흐르는 물과 유사하다. 이를 상상해보면, 회로에서 물이 자연스럽게 흐르기 위해서는 A와 B 사이 높이의 차이가 필요하다. 전자회로에서 이런 차이를 전압(voltage)이라 부르고, 보통 V라 쓴다.

우리는 전자의 흐름을 전자회로 내에서 A와 B 간의 동일한 물의 흐름으로 정의할 수 있다. 이 전자 흐름을 전류(current)라 부르며, I로 쓴다.

우리는 전력 P를 정의할 수 있으며, 와트(Watts) 단위로, 접압과 전류의 곱으로 표현할 수 있다: P=V*I.

기본 회로 설계

전자회로를 설계하기 위해, 정형화된 전자 부품 심벌을 사용한다. 예를 들어, 전압 소스 VCC, 저항 R1, 발광소자 LED, 그라운드 GND는 다음과 같이 표현한다.

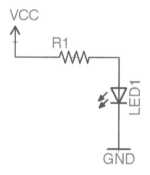

우리는 이런 전자 부품에 대한 상세한 내용을 살펴볼 것이지만, 지금은 많은 회로에서 사용되는 전자 부품만 확인해보겠다.

전자회로를 읽을 때 여러분은 전력과 그라운드 핀을 확인해야 한다. 전력은 VCC 핀에서 제공되며, 5V를 사용한다. 그라운드 핀은 GND에서 제공된다.

VCC와 GND를 확인한 후에 저항과 LED 등을 확인할 수 있다.

전원(power source)

전원은 VCC 핀에서 제공된다. VCC는 저전력 전원(3.3, 5 또는 12V)을 사용한다.

프로젝트에 대한 전원을 제공하기 위해 아두이노 보드의 USB 포트를 사용할 것이지만, 일반적인 파워 서플라이(아두이노 보드에서 받아들일 수 있는 최대 전압을 초과하면 안 된다)나 자체 배터리를 이용할 수도 있다.

저항(resistors)

저항은 전자회로에서 중요한 부분 중 하나이다. 물의 흐름과 비교하면, 저항은 물의 흐름을 방해하는 소자이다.

전자회로상의 전류를 제한하는 양을 정하기 위해, 우리는 R이라 불리는 변수를 사용하며, 옴(Ohms) 단위로 측정한다. 저항은 전압, 전류, 저항 변수와 연관된 옴의 법칙으로 계산할 수 있다: $V = R * I$.

LEDs

LED는 Light Emitting Diode의 약자로 회로에서 시그널과 테스트를 위한 소자로 사용한다. 전류가(보통 20mA) LED를 통해 지나갈 때 LED는 빛을 내며, LED 종류에 따라 적, 청, 녹 및 백색을 출력한다.

아두이노 보드 예로, LED는 보드가 활성화되었는지 확인하는 데 사용하며, 시리얼 통신이 발생했는지, 소프트웨어를 위한 테스트 소자로써(13번 핀) 사용한다.

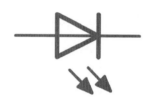

이 장의 회로에서 보는 바와 같이, LED는 보통 전류의 흐름을 제한하는 저항과 연계되어 사용된다. LED 소자에는 두 핀이 있는데, 양쪽 핀이 동일한 길이가 아니다. 전원(VCC)는 LED의 애노드(anode)로 불리는 핀과 캐소드(cathode)로 불리는 핀을 가지며, 이는 그라운드와 연결한다. 여러분은 캐소드 핀을 짧은 핀 리드로 확인할 수 있다.

릴레이(relays)

홈 오토메이션에서 우리는 여러분이 벽 위에 스위치를 누를 때처럼, 램프 같은 장치를 켜고 *끄기*를 원한다. 이는 릴레이란 전자적 스위치를 이용해 처리할 수 있다.

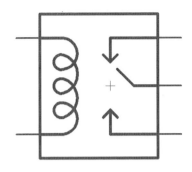

릴레이에서 두 가지 주요 파트가 있다. 심벌의 왼쪽 파트는 코일이고, 릴레이 파트를 제어한다. 전압이 코일에 인가될 때(이 책에서는 보통 5V를 인가한다), 릴레이의 다른 파트는 상태가 열리거나 켜지면서 스위치된다.

릴레이의 두 번째 파트는 고전압을 핸들링한다(300V까지 가능). 이는 아두이노 보드가 램프와 같은 장치를 제어할 수 있도록 한다.

더 살펴볼 만한 것들

이 단원은 전자공학에 대해 소개하였다. 전자공학에 대해 좀 더 알고 싶다면, 인터넷을 통해 많은 관련 리소스를 찾아볼 수 있을 것이다. 이 책의 리소스 장에서 이런 사이트를 확인할 수 있다.

1.3 첫 번째 프로젝트 : 간단한 경보 시스템 개발

우리는 간단한 첫 번째 홈 오토메이션 프로젝트인 경보 시스템을 만들 것이다. 우리는 PIR 모션 센서와 아두이노 간 인터페이스를 할 것이다. 만약 모션이 검출되면 우리는 LED와 피에조 부져(piezo buzzer)를 켤 것이다.

소자는 다음과 같은 것을 사용한다.

- Arduino Uno(http://www.adafruit.com/product/50)
- PIR motion sensor(http://www.adafruit.com/product/189)
- LED(https://www.sparkfun.com/products/9590)
- 330 Ohm resistor(https://www.sparkfun.com/products/8377)
- Piezo buzzer(http://www.adafruit.com/product/160)
- Breadboard(http://www.adafruit.com/product/64)
- Jumper wires(http://www.adafruit.com/product/758)

이제 조립을 해보겠다. 도움을 위해 스키메틱은 다음과 같이 하드웨어 연결을 요약해 놓았다.

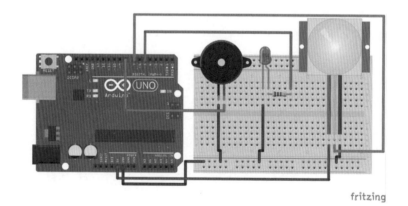

이 이미지는 Fritzing(http://fritzing.org/) 도구를 사용해 생성하였다.

첫 번째로, 브레드보드 상의 모든 소자들을 위치시켜 놓는다. 이후 브레드 보드 옆에 아두이노 보드를 놓는다. PIR 모션 센서를 브레드보드에 연결 한다. 아두이노의 GND 핀을 브레드보드의 청색 레일에 연결해 모든 소자 가 같은 그라운드를 공유할 수 있도록 한다.

브레드보드(LED의 가장 긴 핀이 애노드)에 LED 애노드를 저항과 연결한 다. 그리고 저항의 다른 핀을 아두이노 핀 5번과 연결한다. LED의 다른 핀은 아두이노 그라운드와 연결한다.

PIR 모션 센서에 대한 연결은 다음과 같다. 아두이노 그라운드와 GND 핀을 연결하고, VCC를 아두이노 5V 핀과 연결하고, SIG 핀을 아두이노 7번 핀과 연결한다.

피애조 부저에 대해서는, 포지티브 핀(a + 로 표시됨)을 아두이노 8번 핀 과 연결하고, 나머지 핀은 아두이노 그라운드와 연결한다.

다음은 모두 조립된 모습이다.

이제, 하드웨어가 조립되었다. 우리는 아두이노 스케치 코드를 프로그래밍할 것이다. 다음이 이를 위한 코드 전부이다.

```
// Code for the simple alarm system

// Pins
const int alarm_pin = 8;
const int led_pin = 5;
const int motion_pin = 7;

// Alarm
boolean alarm_mode = false;

// Variables for the flashing LDED
int ledState = LOW;
long previousMillis = 0;
long interval = 100; // Interval at which to blink (milliseconds)

void setup()
{
  // Set pins to output
  pinMode(led_pin,OUTPUT);
  pinMode(alarm_pin,OUTPUT);

  // Wait before starting the alarm
  delay(5000);
}
void loop()
{
  // Motion detected ?
  if (digitalRead(motion_pin)) {
    alarm_mode = true;
  }

  // If alarm mode is on, flash the LED and make the alarm ring
  if (alarm_mode){
    unsigned long currentMillis = millis();
```

```
    if(currentMillis - previousMillis > interval) {
      previousMillis = currentMillis;
      if (ledState == LOW)
        ledState = HIGH;
      else
        ledState = LOW;
    // Switch the LED
    digitalWrite(led_pin, ledState);
    }
    tone(alarm_pin,1000);
  }
}
```

이 코드의 상세 내용을 확인해보자. 소자와 연결하기 위해 핀을 정의하는 것으로 시작한다.

```
const int alarm_pin = 8;
const int led_pin = 5;
const int motion_pin = 7;
```

경보를 활성화할지 안 할지 선택하는 변수를 정의한다.

```
boolean alarm_mode = false;
```

경보가 on이 될 때, LED가 켜지도록 변수를 정의한다.

```
int ledState = LOW;
long previousMillis = 0;
long interval = 100; // Interval at which to blink (milliseconds)
```

setup( ) 함수 내에 LED와 피에조 핀을 출력 모드로 설정하기 위해 다음 코드를 프로그래밍한다.

```
pinMode(led_pin,OUTPUT);
pinMode(alarm_pin,OUTPUT);
```

알람 소자가 올바르게 켜지도록 하기 위해 5초 동안 대기한다.

```
delay(5000);
```

loop( )에서 PIR 모션 센서 상태를 체크하고, 만약 모션이 검출되면 알람 변수를 true로 설정한다.

```
if (digitalRead(motion_pin)) {
    alarm_mode = true;
}
```

이제 알람을 켠 후 두 가지 동작을 프로그래밍해야 한다. LED와 피에조 부저를 켜고 노이즈를 만든다. 다음이 그 코드이다.

```
if (alarm_mode){
    unsigned long currentMillis = millis();
    if(currentMillis - previousMillis > interval) {
        previousMillis = currentMillis;
        if (ledState == LOW)
            ledState = HIGH;
        else
            ledState = LOW;
```

```
    // Switch the LED
    digitalWrite(led_pin, ledState);
    }

    tone(alarm_pin,1000);
}
```

첫 번째 프로젝트 코드는 GitHub 저장소에 있다.

https://github.com/openhomeautomation/home-automation-arduino/

여러분은 이제 첫 번째 프로젝트를 테스트할 수 있다. 아두이노 IDE를 이용해, 아두이노 보드로 코드를 올린다. 초기 5초 지연 후 센서 앞에서 손을 흔들어본다. 여러분은 알람이 켜지고 LED가 깜빡이는 것을 볼 수 있을 것이다. 다시 꺼지기 위해 간단히 red 리셋 버튼을 누른다.

이 점에서 제대로 동작하지 않는다면 먼저 몇 가지 부분을 체크해본다. 첫 번째, 하드웨어 연결이 제대로 되어 있는지를 확인한다. 또한 GitHub 저장소 내에서 다운로드한 최신 버전 코드를 업로드해본다.

다음 장에서는 아두이노 플랫폼을 좀 더 흥미로운 홈 오토메이션 어플리케이션을 개발하는 것에 사용할 것이다.

Chapter 02

건물 실내/실외 기상 관측소 만들기
Weather station

02
Chapter

건물 실내/실외 기상 관측소 만들기
(Weather station)

이전 장에서 홈 오토메이션을 소개하고, 어떻게 모션 센서와 아두이노 보드가 인터페이스하는지 개발해보았다.

이 프로젝트에서 어떻게 건물 공간이나 방의 온도, 습도, 조명을 측정하고, 그 데이터를 LCD 스크린에 출력하는지를 보게 될 것이다.

이 프로젝트는 오픈소스 컴포넌트에 기초해 개발하며, 원격으로 여러분의 집이나 건물을 모니터링하는 방법을 알 수 있을 것이다.

2.1 하드웨어 & 소프트웨어 요구사항

이 프로젝트에서 여러분은 아두이노 우노 보드를 이용할 것이다. 물론 성능이 더 좋은 아두이노 메가나 레오나르도와 같은 아두이노 보드를 사용할 수도 있다.

온도와 습도를 측정하기 위해 DHT11 센서가 필요하며, 4.7K 저항이 필요하다. DHT22 센서는 정밀하며, 센서 데이터를 취득하기 위해 코드 한 줄만 변경하면 된다.

조도 측정을 위해 광센서(photocell)와 10K 옴 저항을 사용할 것이다. 이 부품은 입력되는 조도 수준에 대해 비례한 신호값을 리턴해준다.

LCD 스크린은 측정된 값을 디스플레이하기 위해 필요하다. 저자는 4×20 문자 LCD를 사용하여 동일 시간의 4가지 다른 측정값을 보여줄 것이다. 여러분은 좀 더 작은 LCD 스크린을 사용할 수도 있으며, 이때는 온도와 습도만 출력할 수도 있다.

본인이 사용하는 아두이노 보드와 통신하는 I2C 인터페이스는 LCD 디스플레이를 위해 사용하며, 아두이노 보드와 연결하는 데 필요한 핀이 단지 2개 데이터 핀만 있으면 되기 때문에 편리하다.

마지막으로, 본인은 브레드보드와 male-male 점퍼 와이어를 다른 전자소자와 연결을 하기 위해 사용하였다.

이 프로젝트에 사용하는 전자소자들은 다음과 같으며, 온라인에서 구입할 수 있다.

- Arduino Uno(http://www.adafruit.com/product/50)
- DHT11 sensor+4.7k Ohm resistor(http://www.adafruit.com/product/386)
- Photocell(http://www.adafruit.com/product/161)
- 10k Ohm resistor(https://www.sparkfun.com/products/8374)
- LCD display(http://www.robotshop.com/en/dfrobot-i2c-twi-lcd-module.html)
- Breadboard(http://www.adafruit.com/product/64)
- Jumper wires(http://www.adafruit.com/product/758)

DHT 센서를 사용하기 위해 다음 라이브러리가 필요하다.

https://github.com/adafruit/DHT-sensor-library

그리고 LCD 스크린을 위해 LiquidCrystal 라이브러리가 필요하다.

https://bitbucket.org/fmalpartida/new-liquidcrystal/downloads

라이브러리를 설치하기 위해, 다운로드한 라이브러리를 여러분의 아두이노 메인 폴더 아래의 /libraries/folder에 복사해 넣는다.

2.2 하드웨어 설정

이 프로젝트의 하드웨어 연결은 매우 단순하다. 우리는 DHT11 센서, LCD 스크린, 조도를 측정하기 위한 광센서를 연결해야 한다. 이를 돕기 위해 다음 그림과 같이 하드웨어 연결을 요약하였다.

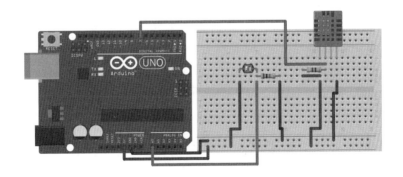

첫 번째, 아두이노 우노 +5V 핀을 브레드보드의 적색 레일에 꼽고, 그라운드 핀을 청색 레일에 꼽는다.

DHT11 센서에 연결할 핀의 기능을 이해하기 위해 다음 그림을 참고하라.

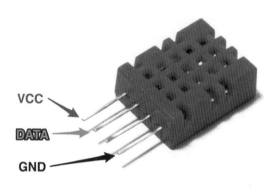

DHT11 센서의 첫 번째 핀인 VCC 핀을 브레드보드의 적색 레일에 연결하고, GND 핀을 청색 레일에 연결한다. 또한 이 센서의 두 번째 데이터 핀을 아두이노 보드의 7번 핀에 연결한다. DHT11 센서 작업을 마무리하면, 4.7K 옴 저항을 센서의 핀 첫 번째와 두 번째 핀 사이에 연결한다.

광센서는 먼저 브레드보드에 10K 옴 저항을 그림과 같이 광센서와 더불어 일렬로 나열한다. 다음으로 광센서 끝 핀을 브레드보드의 적색 레일에 연결한다. 저항의 다른 끝 핀은 청색 레일에 연결한다. 마지막으로 광센서와 저항 사이 핀을 서로 연결하고, 공유한 핀에서 측정된 신호를 아두이노에 전달하기 위해 아두이노 우노 아날로그 핀 A0에 연결한다.

이제 LCD를 연결할 차례이다. 우리는 I2C 인터페이스를 지원하는 LCD를 사용하기 때문에 신호와 전원을 연결할 두 개 선이 필요하다. LCD의

VCC 핀은 적색 레일에 연결한다. GND 핀은 청색 레일에 연결한다. 그리고 LCD의 SDA 핀은 아두이노 핀 A4에 연결하고, LCD의 SCL 핀은 아두이노의 A5 핀에 연결한다.

다음은 전체적으로 조립된 모습이고, 여러분 자신의 아이디어로 어떻게 프로젝트를 구현할지 응용하면 된다.

2.3 센서 테스트

이제 프로젝트의 하드웨어가 완성되었으므로, 보드의 센서를 테스트해야 한다. 이를 위해 우리는 아두이노 스케치를 간단히 코딩할 것이다. 센서로부터 데이터를 읽고, 이를 시리얼 포트(serial port)로 출력한다. 다음은 이런 동작을 하는 완전한 소스코드다.

```
// Code to measure data and print it on the Serial monitor

// Libraries
#include "DHT.h"

// DHT sensor
#define DHTPIN 7
#define DHTTYPE DHT11

// DHT instance
DHT dht(DHTPIN, DHTTYPE);

void setup()
{
  // Initialize the Serial port
  Serial.begin(9600);

  // Init DHT
  dht.begin();
}

void loop()
{
  // Measure from DHT
  float temperature = dht.readTemperature();
  float humidity = dht.readHumidity();

  // Measure light level
  float sensor_reading = analogRead(A0);
  float light = sensor_reading/1024*100;

  // Display temperature
  Serial.print("Temperature: ");
  Serial.print((int)temperature);
  Serial.println(" C");

  // Display humidity
  Serial.print("Humidity: ");
```

```
    Serial.print(humidity);
    Serial.println("%");

    // Display light level
    Serial.print("Light: ");
    Serial.print(light);
    Serial.println("%");
    Serial.println("");

    // Wait 500 ms
    delay(500);

}
```

이 소스는 DHT 센서를 다루기 위한 라이브러리를 임포트(import)하는 것으로 시작한다.

```
#include "DHT.h"
```

그리고 DHT 인스턴스를 생성한다.

```
DHT dht(DHTPIN, DHTTYPE);
```

스케치 소스코드의 setup( ) 함수에서, 센서를 초기화한다(주: setup( ) 함수는 아두이노에 스케치 소스코드를 전송한 후 최초 한 번만 실행되는 call back 함수이다. 그러므로 설정 값을 초기화할 때 좋은 함수다).

```
dht.begin();
```

시리얼 포트에서 데이터 전송 속도를 9600 BPS(bit per second, 데이터 전송 속도)로 설정한다.

```
Serial.begin(9600);
```

loop( ) 함수에서 연속적으로 센서에서 데이터를 읽고, 시리얼 포트로 이 데이터를 출력한다(주: loop( ) 함수는 아두이노에 스케치 소스코드가 전송되면, 계속 호출되는 일종의 call back 함수이다). 여기서 데이터는 온도 및 습도 센서로부터 얻은 것이다.

```
float temperature = dht.readTemperature();
float humidity = dht.readHumidity();
```

광센서에서 아날로그 핀 A0으로부터 데이터를 읽고, 데이터는 아두이노 우노 보드의 10비트(주: 2진수로 10비트는 십진수로 2014 값을 표현할 수 있다)로 아날로그-디지털 변환기(ADC, analog-to-digital converter)를 통해 0에서 1023의 값을 가진다. 그러므로 우리는 1024로 값을 나눈 후 100을 곱함으로써 퍼센스로 빛의 광도를 표현해보도록 한다.

```
float sensor_reading = analogRead(A0);
float light = sensor_reading/1024*100;
```

다음으로, 시리얼 포트에 측정값들을 출력한다. 온도는 다음과 같이 출력해본다.

```
Serial.print("Temperature: ");
Serial.print((int)temperature);
Serial.println("C");
```

습도도 유사한 방식으로 출력해본다. 광도는 다음과 같이 출력한다.

```
Serial.print("Light: ");
Serial.print(light);
Serial.println("%");
```

마지막으로, 새로운 측정을 하기 전에 500ms 시간 지연을 가지도록 하자.

```
delay(500);
```

이 장의 완전한 코드는 GitHub 저장소의 다음 링크에서 다운로드할 수 있다.

https://github.com/openhomeautomation/home-automation-arduino

이제 아두이노 스케치를 테스트해본다. 아두이노 스케치 코드를 아두이노 보드에 업로드하여 전송한다. 그리고 아두이노 IDE 메뉴 중 시리얼 모니터(serial monitor)를 실행해본다(시리얼 포트 데이터 전송 스피드를 9600으로 설정하였음에 주의한다). 다음과 같은 정보를 확인할 수 있을 것이다.

```
Temperature: 25 C
Humidity: 36.00%
Light: 83.79%
```

앞의 작업을 끝냈으면 센서는 제대로 동작하고 있을 것이다. 다른 것들을
한번 시도해보자. 예를 들어, 광센서 앞에 손을 가져가보고, 조도가 어떻
게 달라지는지를 확인해보자.

만약 변화가 없을 경우 몇 가지를 체크해볼 수 있다. 첫 번째로 센서와
LCD가 아두이노 보드에 제대로 연결되었는지를 확인해본다. 또한 DHT
센서와 LCD를 동작하기 위한 라이브러리를 제대로 다운로드하였는지, 스
케치 코드에서 제대로 임포트하였는지를 확인해본다.

2.4 LCD 스크린에 데이터 표시하기

하나의 프로젝트를 끝냈다. 우리는 센서로부터 측정된 데이
터를 LCD에 출력해보았다. 코드는 이전 코드와 유사한다. 다만 LCD에
데이터를 디스플레이하는 부분을 좀 더 상세히 추가해보자. 물론 이 코드
또한 GitHub에서 다운로드할 수 있다. 다음은 이와 관련된 완전한 코드
이다.

```
// Code to measure data & display it on the LCD screen

// Libraries
#include <Wire.h>
#include <LiquidCrystal_I2C.h>
#include "DHT.h"
```

```
// DHT sensor
#define DHTPIN 7
#define DHTTYPE DHT11

// LCD display instance
LiquidCrystal_I2C lcd(0x27,20,4);

// DHT instance
DHT dht(DHTPIN, DHTTYPE);

void setup()
{
  // Initialize the lcd
  lcd.init();

  // Print a message to the LCD.
  lcd.backlight();
  lcd.setCursor(1,0);
  lcd.print("Hello !");
  lcd.setCursor(1,1);
  lcd.print("Initializing ...");

  // Init DHT
  dht.begin();

  // Clear LCD
  delay(2000);
  lcd.clear();
}

void loop()
{
  // Measure from DHT
  float temperature = dht.readTemperature();
  float humidity = dht.readHumidity();

  // Measure light level
  float sensor_reading = analogRead(A0);
  float light = sensor_reading/1024*100;
```

```
// Display temperature
lcd.setCursor(1,0);
lcd.print("Temperature: ");
lcd.print((int)temperature);
lcd.print((char)223);
lcd.print("C");

// Display humidity
lcd.setCursor(1,1);
lcd.print("Humidity: ");
lcd.print(humidity);
lcd.print("%");

// Display light level
lcd.setCursor(1,2);
lcd.print("Light: ");
lcd.print(light);
lcd.print("%");

// Wait 100 ms
delay(100);
}
```

이 코드는 LCD 스크린과 DHT 센서를 동작하기 위한 라이브러리를 임포트하는 것으로 시작한다.

```
#include <Wire.h>
#include <LiquidCrystal_I2C.h>
#include "DHT.h"
```

그리고 LCD 인스턴스를 생성한다. 만약 스크린 사이즈가 다음과 다르다면 해당 값을 수정해야 한다.

```
LiquidCrystal_I2C lcd(0x27,20,4);
```

setup( ) 함수에서 LCD 스크린을 초기화해준다.

```
lcd.init();
```

이 함수에서 LCD 백라이트를 on할 것이고, welcome 메시지를 출력할
것이다.

```
lcd.backlight();
lcd.setCursor(1,0);
lcd.print("Hello !");
lcd.setCursor(1,1);
lcd.print("Initializing ...");
```

2초 지연한 후에 LCD 스크린을 지운다.

```
delay(2000);
lcd.clear();
```

loop( ) 함수에서 측정값들을 프린트할 것이고, LCD에 온도를 먼저 출력
할 것이다.

```
lcd.setCursor(1,0);
lcd.print("Temperature: ");
lcd.print((int)temperature);
```

```
lcd.print((char)223);
lcd.print("C");
```

두 번째 줄에는 습도를 출력한다.

```
lcd.setCursor(1,1);
lcd.print("Humidity: ");
lcd.print(humidity);
lcd.print("%");
```

만약 세 번째 줄에 출력할 수 있는 LCD라면 조도를 출력해본다.

```
lcd.setCursor(1,2);
lcd.print("Light: ");
lcd.print(light);
lcd.print("%");
```

만약 LCD 세 번째 줄이 없는 스크린이라면 약간의 시간 지연 후 화면을 지우고, 조도 값을 첫 번째 줄에 출력할 수도 있다.

매 순간 센서 값들을 측정하고 LCD 스크린에 이를 출력하기 위해, 100 ms 지연을 줄 것이다.

```
delay(100);
```

참고로 다음 링크에 완전한 코드를 다운로드할 수 있다.

https://github.com/openhomeautomation/home-automation-arduino

이제 프로젝트를 테스트해본다. 코드를 아두이노 보드로 업로드하고 몇 초 기다려본다. LCD에 측정값이 출력되기 전에 welcome 메시지가 출력될 것이다. 다음은 센서에서 측정된 값이다.

만약 작업이 제대로 되지 않았다면 전자소자간 연결을 확인해보고, 하나씩 제대로 연결해본다. 또한 소자를 동작하는 라이브러리가 제대로 임포트되었는지도 확인해본다.

2.5 향후 해볼 만한 것

이 장에서는 간단한 홈 오토메이션 프로젝트를 만들어보았다. LCD 웨더 스테이션(weather station)을 아두이노를 이용해 만들었고, 디지털 온도, 습도 센서와 인터페이스하여 그 데이터를 LCD 스크린에 출력해보았다.

이 프로젝트를 통해 여러분은 좀 더 흥미로운 프로젝트를 개발해볼 수 있다. 좀 더 다른 센서들을 연결해 LCD로 출력할 수 있다. 예를 들어, 기압 센서를 연결하고 OLED 스크린 소자를 이용해, 그래픽적으로 이 값들을 표현할 수도 있다.

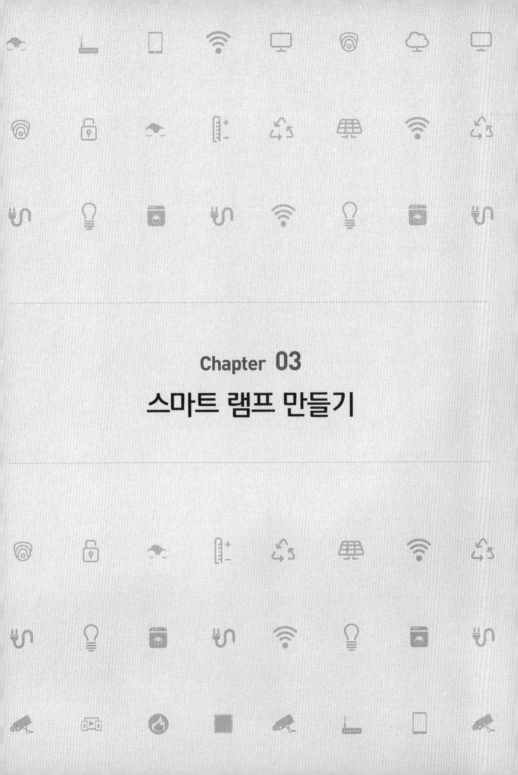

Chapter 03

스마트 램프 만들기

03

스마트 램프 만들기

이 프로젝트에서 우리는 매우 일반화된 홈 오토메이션 시스템인 스마트 램프를 만들어볼 것이다(주: 스마트란 뜻은 자동적으로 주변 환경에 따라 디바이스가 동작하고 조정되는 것을 의미한다). 여기서 스마트는 자동적으로 주변 조도에 따라 조명이 켜지는 것을 의미한다. 이를 위해 우리는 램프를 제어하기 위한 릴레이(relay, 주: 전자식 스위치) 모듈을 사용하고, 광센서를 조도 측정을 위해 사용한다.

우리는 전류 측정 센서(current sensor)를 사용해 이 램프가 매 순간마다 얼마나 많은 전류와 에너지를 사용했는지 측정할 것이다. 이 측정값을 LCD 스크린에 출력한다. 또한 릴레이의 상태와 주변 조도값도 함께 출력한다. 심플한 데스크형 램프를 사용해 스마트 램프를 구현할 것이므로 다른 종류의 램프뿐만 아니라 전기장치들에게도 동일한 방식으로 스마트 장치를 구현할 수 있다.

3.1 하드웨어 & 소프트웨어 요구사항

······■ 릴레이 모듈은 Pololu형 5V 릴레이 모듈을 사용하며, 이 모듈은 전자소자가 잘 통합되어 있어 편리하게 사용할 수 있다. 소자 모습은 다음 그림과 같다.

램프에 흐르는 전류를 측정하기 위해 우리는 ITead Studio에서 만든 AC712 센서를 사용한다. 이 센서는 아두이노에서 쉽게 사용할 수 있는 형태로 되어 있고, 측정된 전류의 전압을 리턴한다. 보정 수식을 통해, 측정된 전압을 전류로 계산할 것이다. 전류 측정 센서는 다음과 같은 모양이다.

조도 측정을 위해 본인은 광센서와 10K 옴 저항을 사용하였다. 이 소자들은 입력되는 조도값을 신호로 전달해준다.

여러분이 릴레이 상태를 표시할 LCD 스크린에는 전기장치의 전력 소모량, 조도 수준을 함께 출력할 것이다. 4×20 문자를 출력할 수 있는 LCD는 동시에 4줄을 출력할 수 있다. 물론 더 작은 LCD를 사용할 수 있지만, 이 경우에는 릴리이 상태와 전류 소모량만 출력할 수밖에 없을 것이다.

아두이노 보드와 통신하는 I2C 인터페이스를 이 LCD는 출력을 위해 사용한다. 이 인터페이스는 아두이노 보두와 연결하는 데이터 핀이 두 개만 필요하므로 사용이 간편하고, 연결이 편하다.

프로젝트에 램프를 연결하기 위해 저자는 끝단에 베어케이블(bare cable)이 있는 전원 플러그 표준 페어(standard pair of power plug)를 사용하며, 암 소켓(female socket, 플러그 인을 할 수 있는) 하나와 숫 소켓(male socket, 벽의 전원 소켓에 플러그하기 위한)을 함께 사용한다. 다음 그림은 저자가 사용한 케이블 예이다.

이 케이블은 고전압이 사용되니 주의해야 한다.

마지막으로 저자는 브레드보드와 몇몇 점퍼 와이어(wire, 전선)를 전자소자 연결을 위해 사용할 것이다.

이 프로젝트에서 사용한 모든 전자소자 부품은 다음에 표시되어 있고, 링크를 통해 이 부품들을 구할 수 있다.

- Arduino Uno(http://www.adafruit.com/product/50)
- Relay module(http://www.pololu.com/product/2480)
- Current sensor(http://imall.iteadstudio.com/im120710011.html)
- Photocell(http://www.adafruit.com/product/161)
- 10k Ohm resistor(https://www.sparkfun.com/products/8374)
- LCD display(http://www.robotshop.com/en/dfrobot-i2c-twi-lcd-module.html)
- Breadboard(http://www.adafruit.com/product/64)
- Jumper wires(http://www.adafruit.com/product/758)

이 프로젝트에서 램프는 30W 표준 책상 램프를 사용하였다(주: 미국과 캐나다에서는 110VAC를 사용하며, 표준 전력 소모 와트는 60W이다). 하지만 우리가 사용한 릴레이 모듈은 1200W 전기장치까지 지원하며, 여러분이 원하는 다른 전기장치들도 활용할 수 있다.

소프트웨어 측면에서 LCD 동작을 위한 LiquidCrystal 라이브러리가 필요하다.

https://bitbucket.org/fmalpartida/new-liquidcrystal/downloads

라이브러리를 설치하기 위해 여러분의 메인 아두이노 폴더 안에 /libraries/ folder에 이 라이브러리를 다운받아 복사해 넣는다.

3.2 하드웨어 설정

이 프로젝트의 하드웨어를 조립해보도록 하자. 두 부분을 진행할 것이다. 첫 번째로 릴레이 모듈과 아두이노 우노, 그리고 램프를 연결하는 것이다.

하드웨어 연결은 매우 간단하다. 우리는 릴레이 모듈, 전류 센서와 광센서를 연결해야 한다. 우선 아두이노 우노 ＋5V 핀과 적색 레일을 연결하고, 그라운드 핀과 청색 레일을 연결한다.

광센서 연결을 위해, 10K 옴 저항과 광센서를 브레드보드에 일렬로 놓는다. 그리고 광센서 끝 핀을 적색 레일에 연결하고, 다른 한 끝 핀을 저항의 핀과 연결한 후 저항의 끝 핀을 청색 레일(그라운드)에 연결한다. 마지막으로 광센서와 저항이 연결된 공통 핀을 아두이노 우노 아날로그 핀 A0와 연결한다.

릴레이 모듈은 연결해야 할 3개의 핀이 있다. VCC, GND와 신호 핀인 SIG 핀이다. VCC는 아두이노 5V 핀이 연결된 적색 레일에 연결한다. GND는 아두이노 그라운드 핀과 연결된 청색 레일에 연결한다. 마지막으로 SIG 핀은 아두이노 8번 핀에 연결한다.

비슷한 방식으로 전류 센서 모듈을 연결한다. 이 센서는 3개 핀이 있다. VCC, GND와 OUT 핀이다. 릴레이와 같이 VCC는 브레드보드 적색 레일에 연결한다. GND는 청색 레일에 연결한다. OUT 핀은 아두이노 보드 아날로그 핀 A1에 연결한다.

이제 LCD 스크린을 연결한다. LCD 소자는 I2C 인터페이스를 사용하므로 시그널과 전원을 위한 두 선을 연결해야 한다. LCD에서 VCC 핀은 적색 레일에, GND 핀은 청색 레일에 연결한다. LCD의 SDA 핀은 아두이노 핀 A4에 연결하고, SCL 핀은 아두이노 핀 A5에 연결한다.

다음은 조립이 끝난 모습이다. 아직 램프 연결은 되어 있지 않다.

우리는 조립한 하드웨어와 램프를 연결할 것이다. 기본적으로 주 전원(벽에 전원 소켓에서 얻는)이 릴레이 및 전류 센서와 연결되고, 램프와 연결되어야 한다. 다음은 이런 연결을 설계한 개념도이다.

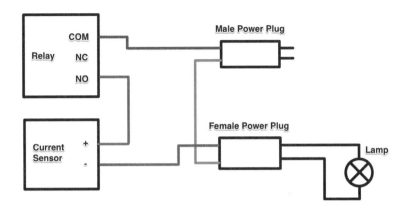

이런 연결은 위험한 고전압(110V 또는 230V)을 사용하므로 연결 시 매우 조심해야 한다. 참고로 전원을 직접 연결하지 않고 기본적인 테스트는 할 수 있다.

3.3 릴레이 테스트

⏤⏤⏤◀ 이 프로젝트를 테스트해보겠다. 이 프로젝트에서 중요한 부분은 램프를 제어하는 릴레이이다. 우리는 릴레이가 제대로 동작되는지, 램프와 제대로 연결되었는지 테스트하기 위해 5초마다 연속적으로 릴레이를 켜고 끌 것이다. 다음은 이와 관련된 완전한 코드이다.

```
// Simple sketch to test the relay

// Relay pin
const int relay_pin = 8;
```

```
void setup() {
  pinMode(relay_pin,OUTPUT);
}

void loop() {

  // Activate relay
  digitalWrite(relay_pin, HIGH);

  // Wait for 5 seconds
  delay(5000);

  // Deactivate relay
  digitalWrite(relay_pin, LOW);

  // Wait for 5 seconds
  delay(5000);
}
```

이 코드는 릴레이 핀과 연결하기 위한 코드 선언으로 시작한다.

```
const int relay_pin = 8;
```

setup( ) 함수에서 출력 핀을 설정한다.

```
pinMode(relay_pin, OUTPUT);
```

loop( ) 함수에서 이 핀을 HIGH로 설정해 릴레이를 스위치한다.

```
digitalWrite(relay_pin, HIGH);
```

5초 대기한다.

```
delay(5000);
```

릴레이를 다시 off한다.

```
digitalWrite(relay_pin, LOW);
```

loop( )를 반복하기 전에 5초를 대기한다.

```
delay(5000);
```

이 코드의 완전한 소스는 GitHub에 있다.

https://github.com/openhomeautomation/home-automation-arduino

이제 스케치를 테스트해보자. 램프를 올바르게 연결하고, 벽의 전원 소켓에 숫 플러그를 연결한다. 그리고 아두이노 스케치를 보드에 업로드한다. 여러분은 5초 간격으로 릴레이가 스위치되면서 램프가 on/off하는 것을 확인할 수 있을 것이다.

만약 이 시점에서 잘못 동작된다면 절대로 릴레이 등 소자를 만지면 안된다. 사고가 날 수도 있다(주: 고전압 전원과 관련된 작업은 전원으로부터 플러그를 다시 뽑고, 절연 장갑을 끼고 작업하길 바란다. 잔류 전류가 있을 수도 있다).

3.4 전원 전류 측정과 조명 자동 컨트롤

이제 프로젝트의 큰 부분으로 들어가보자. 우리는 기본적으로 조도와 램프가 소모하는 전류 측정이 필요하며, 이를 LCD 스크린으로 출력하고, 릴레이의 상태 변화도 확인할 필요가 있다. 다음 이와 관련된 완전한 코드가 있다.

```
// Code for the smart lamp project

// Libraries
#include <Wire.h>
#include <LiquidCrystal_I2C.h>

// Relay state
const int relay_pin = 8;
boolean relay_state = false;

// LCD display instance
LiquidCrystal_I2C lcd(0x27,20,4);

// Define measurement variables
float amplitude_current;
float effective_value;
float effective_voltage = 230; // Set voltage to 230V (Europe) or
110V (US)
float effective_power;
float zero_sensor;

void setup()
{
  // Initialize the lcd
  lcd.init();

  // Print a message to the LCD.
  lcd.backlight();
```

```
  lcd.setCursor(1,0);
  lcd.print("Hello !");
  lcd.setCursor(1,1);
  lcd.print("Initializing ...");

  // Set relay pin to output
  pinMode(relay_pin,OUTPUT);

  // Calibrate sensor with null current
  zero_sensor = getSensorValue(A1);

  // Clear LCD
  delay(2000);
  lcd.clear();
}

void loop()
{
  // Measure light level
  float sensor_reading = analogRead(A0);
  float light = (sensor_reading/1024*100);

  // Perform power measurement
  float sensor_value = getSensorValue(A1);

  // Convert to current
  amplitude_current = (float)(sensor_value-zero_sensor)/1024*5/185*
  1000000;
  effective_value = amplitude_current/1.414;
  effective_power = abs(effective_value*effective_voltage/1000);

  // Switch relay accordingly
  // If the light level is more than 75 %, switch the lights off
  if (light > 75) {
     digitalWrite(relay_pin, LOW);
     relay_state = false;
  }
  // If the light level is less than 50 %, switch the lights off
  if (light < 50) {
```

```
    digitalWrite(relay_pin, HIGH);
    relay_state = true;
  }

  // Update LCD screen

  // Display relay state
  lcd.setCursor(1,0);
  lcd.print("Relay: ");
  if (relay_state) {lcd.print("On ");}
  else {lcd.print("Off");}

  // Display energy consumption
  lcd.setCursor(1,1);
  lcd.print("Power: ");
  lcd.print(effective_power);
  lcd.print("W");

  // Display light level
  lcd.setCursor(1,2);
  lcd.print("Light: ");
  lcd.print(light);
  lcd.print("%");

  // Wait 500 ms
  delay(500);

}

// Get the reading from the current sensor
float getSensorValue(int pin)
{
  int sensorValue;
  float avgSensor = 0;
  int nb_measurements = 100;
  for (int i = 0; i < nb_measurements; i++) {
    sensorValue = analogRead(pin);
    avgSensor = avgSensor + float(sensorValue);
  }
```

```
    avgSensor = avgSensor/float(nb_measurements);
    return avgSensor;
}
```

이 코드는 LCD 동작에 필요한 라이브러리를 인클루드(포함, include)하는 것으로 시작한다(주: 이 책에서 include와 import는 동일한 의미로 사용된다).

```
#include <Wire.h>
#include <LiquidCrystal_I2C.h>
```

LCD 스크린 인스턴스를 생성한다. 여기서는 4줄 스크린을 사용하므로 다음과 같이 관련 값을 설정하였다.

```
LiquidCrystal_I2C lcd(0x27,20,4);
```

릴레이 연결 및 상태 저장을 위해 다음 변수를 선언한다.

```
const int relay_pin = 8;
boolean relay_state = false;
```

이제 램프의 전류 소모를 계산하기 위한 몇몇 변수들을 만든다. 만약 110V를 230V 대신 사용한다면 effective_voltage 변수를 그에 맞게 수정해야한다.

```
float amplitude_current;
float effective_value;
float effective_voltage = 230; // Set voltage to 230V (Europe) or 110V
(US)
float effective_power;
float zero_sensor;
```

setup( ) 함수에서 LCD를 초기화한다.

```
lcd.init();
```

릴레이 핀을 출력 모드로 설정한다.

```
pinMode(relay_pin,OUTPUT);
```

이제 우리는 전류 센서를 캘리브레이션(calibration)해야 한다. 저자가
사용하는 전류 센서는 아날로그 센서이다. 이 센서는 측정된 전류의 전압
을 돌려준다. 우리는 센서가 null 전류를 측정했을 때 전압을 알아야 한
다. 릴레이를 off하였을 때 램프에는 아무런 전류가 흐르지 않는다. 우리
는 null 전류 값을 A1에서 얻는 getSensorValue( ) 함수를 호출한 값을
얻을 수 있다.

```
zero_sensor = getSensorValue(A1);
```

이 함수는 기본적으로 안정된 읽기 값을 얻기 위해 측정 센서와 연결된
아날로그 핀에서 얻은 값의 평균치를 계산한다. 이 값을 zero_sensor 변

수에 저장한다.

마지막으로 setup( ) 함수에서 LCD 스크린을 지우기 위해 몇 초를 대기한다.

```
delay(2000);
lcd.clear();
```

loop( ) 함수에서 우리는 아날로그 핀 A0으로부터 데이터를 읽으면 그 값은 0에서 1023 사이에 있을 것이다. ADC 변환기(Analog-to-digital converter) 해상도는 10비트이며, 이는 1024 값을 표현할 수 있다는 의미이다. 그러므로 1024 값을 나눈 후 100을 곱해 퍼센트 값으로 변환한다.

```
float sensor_reading = analogRead(A0);
float light = sensor_reading/1024*100;
```

다음으로 우리는 같은 함수를 사용해 전류 센서로부터 측정값을 얻는다.

```
float sensor_value = getSensorValue(A1);
```

이 값으로부터 우리는 소모 전류 값을 계산할 수 있다. 일단 우리는 얻은 값을 이용해 캘리브레이션 데이터를 사용하여 전류 값을 계산한다. 캘리브레이션을 위해서 이 센서의 데이터시트에서 얻은 수식을 사용한다. 그리고 우리는 이 전류를 2제곱근으로 나눠 실제 전류 값을 얻는다. 마지막으로 전압의 실제 값과 전류의 실제 값을 곱해 실제 전력을 계산한다(1000으로 나눔으로써 와트 값을 얻을 수 있다).

```
amplitude_current = (float)(sensor_value-zero_sensor)/1024*5/185*
1000000;
effective_value = amplitude_current/1.414;
effective_power = abs(effective_value*effective_voltage/1000);
```

이 후 우리는 릴레이 스위치를 on할지 off할지를 결정할 수 있다. 만약 조도가 75% 이상이면 램프 스위치는 꺼진다. 왜냐하면 주변 광도가 충분히 밝기 때문에 조명을 켤 필요가 없기 때문이다.

```
if (light > 75) {
   digitalWrite(relay_pin, LOW);
   relay_state = false;
}
```

만약 조도 값이 50%보다 적다면 조명은 켜질 것이다.

```
if (light < 50) {
   digitalWrite(relay_pin, HIGH);
   relay_state = true;
}
```

물론 여러분은 이 두 개의 임계값(threshold)을 사용해 이를 조정할 수 있다. 예를 들어, 방이 매우 어두워질 때와 같은 야간에 조명을 측정하고, 켜고 싶을 경우 그에 적당한 값을 사용해 램프가 동작되는 임계값을 조정하면 된다.

사용된 광센서는 잠깐 동안 값이 진동할 수 있음에 주의해야 한다. 광센서로부터 진동되는 값으로 인해 램프의 on/off가 반복적으로 발생되지 않으

려면 적당한 임계값을 사용해야 한다.

마지막으로 LCD 스크린상에 이 데이터를 출력한다. 먼저 릴레이 상태를 출력한다.

```
lcd.setCursor(1,0);
lcd.print("Relay: ");
if (relay_state) {lcd.print("On ");}
else {lcd.print("Off");}
```

그리고 우리는 전류 센서로부터 계산한 실제 소모 전력을 출력한다.

```
lcd.setCursor(1,1);
lcd.print("Power: ");
lcd.print(effective_power);
lcd.print("W");
```

이후 주변 조도 값을 출력한다.

```
lcd.setCursor(1,2);
lcd.print("Light: ");
lcd.print(light);
lcd.print("%");
```

이 측정은 500ms 간격이 되도록 한다.

```
delay(500);
```

이와 관련된 완전한 코드는 GitHub에서 다운로드할 수 있다.

https://github.com/openhomeautomation/home-automation-arduino

이제 스마트 램프를 테스트하자. 모든 연결과 필수 코드의 아두이노 보드 업로드를 확인한다. 현재 건물 안 공간의 조도가 밝다면, 릴레이는 스위치 오프될 것이다. LCD에는 이 상태를 표시해준다.

만약 공간이 어두워지면, 램프가 켜지고 전력이 소모될 것이다. ACS712 전류 센서 출력은 자기장으로 인한 몇몇 요인으로 인해 노이즈 값이 보일 수도 있다.

이제 어두운 공간을 시뮬레이션하기 위해 광센서의 상단에 티슈 조각을 놓아보자. 그 즉시 측정된 조도 값은 떨어지고, 램프는 켜질 것이다.

램프가 소모하는 전력이 30W이고, 측정된 전류가 약 25W인 것을 알 수 있다.

만약 제대로 동작하지 않는다면, 모든 전원을 끊은 후 먼저 릴레이와 LCD 스크린, 센서 연결을 확인해보자. 코드가 제대로 프로그래밍되고, 업로드 되었는지도 확인한다(주: 이와 같은 전자회로에서 연결의 단락을 확인하는 방법 중 하나로 테스터기를 사용한다. 고전압 회로를 전원이 연결된 상태에서 직접 만지면 감전 사고가 날 수 있으므로, 전원이 인가되지 않는 상태에서 테스트해야 한다).

3.5 향후 해볼 만한 것

이 프로젝트에서 배운 것을 요약해보자. 우리는 아두이노와 몇몇 간단한 전자소자를 이용해 스마트 램프를 만들었다. 램프는 자동적 으로 주변 광 밝기에 따라 켜지고 꺼진다. 우리는 전류 측정 장치를 추가해 램프가 소모하는 전력을 확인할 수 있고, 램프의 상태와 조도를 볼 수 있다.

여러분은 몇몇 센서를 더 추가해 이 프로젝트를 더욱 개선할 수 있다. 예를 들어, 다른 센서와 액추레이터(모터와 같은 동작 장치)를 사용해 좀 더 스마트한 홈 환경을 만들 수 있다. 예를 들어, 여러분은 모션 센서를 추가해 공간에 동작이 있을 때 램프를 켜게 할 수도 있다(주: 이와 유사하게, 적정한 조도를 유지하기 위해 스테핑 모터를 이용해 커튼을 내리거나 올릴 수도 있다).

Chapter 04

XBee 모션 센서

04

XBee 모션 센서

이전 장에서 우리는 자체 홈 오토메이션 시스템을 개발하고, 외부 네트워크와 커뮤케이션이 아닌 자율적인 작동을 구현해보았다. 하지만 상업적인 홈 오토메이션 시스템은 그렇게 동작하지는 않는다. 보통 이러한 시스템의 컴포넌트들은 서로 무선으로 커뮤니케이션한다. 이 장에서는 이런 부분들을 다룰 것이다(주: 홈 오토메이션뿐 아니라 빌딩 오토메이션 시스템-Building Automation System 또한 동일한 방식으로 동작한다. 다만 상업적으로 특화된 대형 빌딩 제어를 위한 BAS 분야에서는 스마트 센서, 액츄레이터 및 조명과 같은 오토메이션 컴포넌트들과 네트워크를 특정 무선 프로토콜을 사용하기보다는, 보통 TCP/IP 네트워크 프로토콜 상에서 구현된 KNX(www.knx.org/)와 같은 BAS 프로토콜을 사용해 특정 컴포넌트의 주소를 설정하고, 주소에 해당하는 컴포넌트의 데이터를 얻거나 명령을 전달하는 등으로 처리한다. 그러므로 BAS에서는 이 장에서 언급하는 ZigBee와 같은 특정 네트워크 프로토콜에 종속된 방식보다는 좀 더 일반화된 프로토콜을 사용한다고 보면 된다).

아두이노에 기반한 무선 홈 오토메이션을 시작하기 위해서 우리는 홈 오토메이션 시스템에서 널리 사용하고 있는 기술을 사용할 것이다. XBee는 ZigBee 표준 기반으로 개발된 기술이며, 저전력, IEEE 802.15 표준 기반의 디지털 라디오 커뮤니케이션을 지원한다. 이 방식은 소량의 데이터 전송(센서 데이터와 같은)에 적합하고, 활성화 시 바테리를 사용하며, 데이터 보안을 고려하고 있다. 이런 이유로 홈 오토메이션 시스템에서는 좋은 무선 네트워크 기술이라 할 수 있다.

이 프로젝트에서 우리는 새로운 프로젝트를 진행할 것이다. 아두이노와 PIR 모션 센서 기반의 간단한 알람 시스템이다. 이 프로젝트에서는 동일 센서와 아두이노, XBee 모듈을 사용한다. 이를 통해 여러분의 컴퓨터와 인터페이스할 수 있고, 여러분의 웹브라우저를 통해 모션 센서 등의 상태를 모니터링할 수 있다.

4.1 하드웨어 & 소프트웨어 요구사항

이제 프로젝트에 필요한 것을 보도록 하자. 이 프로젝트에서 필요한 것은 크게 두 가지가 있다. 하나는 XBee 모션 센서이고, 다른 하나는 USB를 통해 컴퓨터와 연결할 XBee 모듈이다.

XBee 모션 센서는 아두이노 보드에 적용될 것이다. 우리는 이 책에서 사용했던 PIR 모션 센서를 다시 사용한다.

다음으로 XBee 모듈과 아두이노 보드 간의 인터페이스가 필요하다. XBee 모듈과 아두이노 연결을 위해 SparkFun XBee 쉴드를 사용할 것이다. 이 부품은 어떤 XBee 모듈과도 소켓으로 통합할 수 있으며, 아두이노 마이크로컨트롤러 시리얼 포트로부터 XBee 모듈을 연결하거나 연결하지 않는 스위치 방식을 제공한다. 이는 매우 유용한 기능이다.

XBee 모듈에 대해서 Series 1 XBee를 사용하였으며, 빌트인(built-in) 안테나가 통합되어 있다. Series 2는 메쉬 네트워크(meshed network) 생성이 가능하지만 이 프로젝트에서는 필요가 없다. Series 1은 매우 사용하기가 쉽게 되어 있다.

XBee 쉴드를 장착한 아두이노 우노 보드 그림은 다음과 같다.

XBee 모션 센서에 대한 모든 컴포넌트 리스트는 다음과 같으며, 링크를 통해, 소자를 구입할 수 있다.

- Arduino Uno(http://www.adafruit.com/product/50)
- PIR motion sensor(https://www.adafruit.com/products/189)
- Arduino XBee shield(https://www.sparkfun.com/products/10854)
- XBee Series 1 module with trace antenna(https://www.sparkfun.com/ products/ 11215)

- Jumper wires(http://www.adafruit.com/product/758)

이제 여러분의 컴퓨터와 XBee 연결이 필요하다. 반면 Bluetooth나 WiFi 의 경우 빌트인 XBee 연결과 같은 부분은 불필요하다.

XBee 모듈을 컴퓨터와 연결하기 위해 Sparkfun 사이트에서 USB explorer 모듈을 선택했다. 이 모듈은 어떠한 XBee 모듈과도 연결이 가능하다. 이를 컴퓨터의 USB에 연결한다. 이 모듈은 마치 시리얼 포트처럼 동작할 것이고, Arduino IDE 시리얼 모니터를 통해 XBee 네트워크 모듈들과 메시지를 보내고 받을 수 있다는 것을 의미한다.

XBee 모듈에 마운트된(mount) XBee explorere 보드 그림은 다음과 같다.

XBee를 사용하기 위해 다음 부품들이 필요하다.

- USB XBee explorer board(https://www.sparkfun.com/products/11812)
- XBee Series 1 module(https://www.sparkfun.com/products/11215)

소프트웨어 측면에서 Arduino IDE 최신 버전이 필요하며, REST 라이브러리도 필요하다. 이 라이브러리는 다음 링크에서 다운로드 가능하다.

https://github.com/marcoschwartz/aREST

이 라이브러리를 설치하기 위해 아두이노 /libraries 폴더에 복사해 놓는다(만약 이 폴더가 없으면, 직접 폴더를 만든다).

4.2 XBee 모션 센서 만들기

우리는 이제, XBee 모션 센서를 어떻게 개발하는지를 배울 것이다. 만약 여러분이 다른 많은 XBee 센서를 사용하기를 원한다면, 동일한 방식으로 따라하면 된다.

이 프로젝트의 설정은 매우 쉽다. 먼저 XBee 쉴드를 아두이노 보드에 플러그인한다. 그리고 그 쉴드 위에 XBee 모듈을 플러그인한다. PIR 모션 센서의 GND 핀은 아두이노 그라운드 핀에 연결하고, VCC는 아두이노 5V 핀에 연결하며, SIG 핀은 아두이노 핀 8번에 연결한다. 작업이 끝나면 다음과 같은 그림이 된다.

XBee 쉴드를 스위치 on해야 하며, 아두이노 보드를 프로그래밍을 통해 스위치 관련된 부분을 제어하기로 한다. 이런 이유로, 다음 그림과 같이 스위치를 'DLINE' 상태로 변경한다.

마지막으로, XBee explorer 보드와 XBee 모듈을 여러분의 컴퓨터에 연결한다.

4.3 모션 센서 테스트하기

모션 센서를 테스트하도록 한다. 간단한 스케치를 만들어 아두이노 시리얼 포트로부터 모션 센서 상태를 출력하겠다. 이제 XBee 쉴드 스위치를 'DLINE' 상태로 놓는다. 다음은 이와 관련된 코드이다.

```
// Simple motion sensor
int sensor_pin = 8;

void setup() {
  Serial.begin(9600);
}

void loop() {

  // Read sensor data
  int sensor_state = digitalRead(sensor_pin);

  // Print data
  Serial.print("Motion sensor state: ");
  Serial.println(sensor_state);
  delay(100);
}
```

이 스케치 코드는 PIR 모션 센서의 핀과 연결하기 위한 변수 선언으로
시작한다.

```
int sensor_pin = 8;
```

setup( ) 함수에서 시리얼 포트를 시작한다.

```
Serial.begin(9600);
```

loop( ) 함수에서 PIR 모션 센서 핀의 데이터를 읽는다.

```
int sensor_state = digitalRead(sensor_pin);
```

마지막으로 시리얼 포트에서 100ms마다 핀 상태를 출력한다.

```
Serial.print("Motion sensor state: ");
Serial.println(sensor_state);
delay(100);
```

완전한 코드는 GitHub에서 다운로드가 가능하다.

이제 이 장의 첫 번째 스케치를 테스트해보자. 스케치 코드를 아두이노 보드에 업로드하고 시리얼 모니터를 열어본다(시리얼 스피드를 9600bps로 설정한다). 센서 앞에 손을 지나가보면, 센서 상태가 달라져야 한다).

```
Motion sensor state: 0
Motion sensor state: 0
Motion sensor state: 0
Motion sensor state: 0
Motion sensor state: 1
Motion sensor state: 1
Motion sensor state: 1
Motion sensor state: 1
Motion sensor state: 0
Motion sensor state: 0
Motion sensor state: 0
```

만약 동작되지 않으면 앞서 언급한 바와 같이 부품과 연결 부분, 프로그램이 잘 코딩되었는지 등을 하나씩 살펴본다.

4.4 XBee 모듈 사용하기

이 단원에서 XBee 모듈을 사용해 모션 센서를 무선으로 접근할 것이다. 이를 위해 간단한 스케치를 개발할 것이고, 외부에서 오는 요청을 처리하기 위해 aREST 라이브러리를 사용하기로 한다. 우리는 아두이노 스케치의 앞부분에 추가적인 코드를 다음과 같이 정의할 것이다.

```
// Libraries
#include <SPI.h>
#include <aREST.h>

// Motion sensor ID
String xbee_id = "1";

// Create ArduREST instance
aREST rest = aREST();

void setup() {

  // Start Serial
  Serial.begin(9600);

  // Give name and ID to device
  rest.set_id(xbee_id);
}

void loop() {

  // Handle REST calls
  rest.handle(Serial);

}
```

이 스케치는 라이브러리를 포함하는 것으로 시작한다.

```
#include <SPI.h>
#include <aREST.h>
```

센서 ID를 정의한다. 만약 많은 모션 센서들이 있다면 이런 방식이 유용할 것이다. 이 경우 각각의 센서들은 다른 아이디 값을 설정하면 된다.

```
String xbee_id = "1";
```

또한 aREST 라이브러리 인스턴스를 생성한다.

```
aREST rest = aREST();
```

setup( ) 함수에서 시리얼 포트를 시작한다. XBee 모듈 디폴트 속도로써 9600bps로 속도를 설정한다.

```
Serial.begin(9600);
```

우리가 정의한 장치의 ID를 설정한다.

```
rest.set_id(xbee_id);
```

마지막으로 loop( ) 함수에서 aREST 라이브러리를 사용해 시리얼 포트로부터 온 요청을 처리한다.

```
rest.handle(Serial);
```

이와 관련된 완전한 코드는 앞서 언급한 GitHub 주소에서 받을 수 있다.

이제 테스트를 해보자. 아두이노 보드에 스케치를 업로드한다. 그리고 XBee 쉴드 스위치를 'UART'로 변경하면 XBee 모듈은 직접 아두이노 마이크로컨트롤러와 시리얼 포트를 통해 통신을 할 수 있다. 만약 아두이노 보드 프로그램을 다시 설정해야 한다면 'DLINE' 스위치로 변경해야 한다.

XBee explorer 모듈이 여러분의 시스템에 플러그되었는지 확인하라. 여러분이 윈도우나 OS X상에서 실행하고 있다면, USB 보드를 위한 설치 드라이버가 필요할 것이다. 이 드라이버는 다음 링크에서 다운로드 후 설치할 수 있다.

http://www.ftdichip.com/FTDrivers.htm

이제 컴퓨터에 연결된 XBee explorer 보드에 시리얼 포트를 위치시켜야 한다. 여러분은 아두이노 IDE의 Tools〉Serial Port 메뉴에 가서, 예를 들어 'dev/cu.usbserial-A702LF8B'와 같은 텍스트를 찾아서 확인한다. 윈도우에서는 'COM3'로 보일 것이다.

아두이노 IDE의 시리얼 포트를 연다. 스피드가 9600임을 확인하고, end line 문자를 'Carriage return'으로 설정한다. XBee explorer 보드와 연결했기 때문에 여러분이 보내는 모든 명령들은 여러분의 집 안의 모든 XBee 모듈에 보내질 것이다.

시리얼 모니터링에서 다음과 같이 입력한다.

```
/id
```

이 명령은 간단히 집 안의 모든 XBee 보드의 ID를 질의하는 것이다. 저자가 본인 집에서 테스트할 때는 XBee가 하나밖에 없었으므로 다음과 같이 응답하였다.

```
{"id": "1", "name": "", "connected": true}
```

이 단계 후 우리는 모션 센서의 상태를 읽을 수 있다. 이 모션센서는 아두이노 핀 8번에 연결되어 있어야 함을 주의하라. 이 핀으로부터 데이터를 읽기 위해서 간단히 다음과 같이 입력한다.

```
/digital/8
```

센서는 다음 메시지를 던져줄 것이다.

```
{"return_value": 1, "id": "1", "name": "", "connected": true}
```

만약 이 시점에서 센서가 응답하면, 센서가 정확히 동작하고 있고 무선으로 이들을 접근할 수 있다는 것을 의미한다.

동작하지 않는 경우 앞에서와 같이 연결 부분을 체크하고, 프로그램 부분도 다시 체크한다. 안 되면 GitHub 저장소 코드를 다운받아 업로드해본다. 동작 시 XBee 쉴드의 스위치가 'UART'인 것도 확인해본다.

아직은 몇몇 문제가 있는데, 모든 XBee 모듈이 PAN(Personal Area Network) ID 내 동일 커뮤니케이션 채널을 사용하도록 설정되어 있다. 이는 테스트 시에는 좋지만 여러분의 집에 실제로 적용하기에는 좋지 않은 방식이다. 만약 여러분이 디폴트 PAN ID를 사용하고 있을 때 메시지를 브로드케스트(broadcast)할 경우 여러분의 이웃이 이 메시지를 확인할 수 있으며, 심지어 누군가 외부에서 XBee 센서를 통해 스마트 홈을 해킹할 수도 있다.

그러므로 우리는 PAN ID를 변경해야 한다. 이 일은 쉽고, XCTU란 공식적인 소프트웨어를 통해 가능하다. 다음 주소에서 이를 다운로드하여 설치한다.

http://www.digi.com/products/wireless-wired-embedded-solutions/zigbee-rf-modules/xctu

설치 후 소프트웨어를 시작하고 XBee 모듈을 연결하여, 컴퓨터 USB에 연결된 XBee explorer 모듈을 통해 이 값을 설정할 수 있다. explorer 모듈의 시리얼 포트를 살펴보면 XBee 모듈 설정 값을 접근할 수 있고, 'Radio Configuration'의 'PAN ID'에서 그 값을 확인할 수 있다.

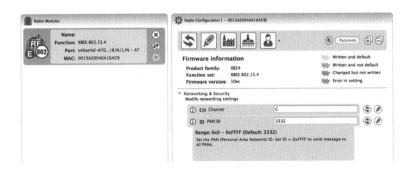

이 메뉴에서 여러분은 PAN ID를 해당 XBee 모듈에 대해 설정할 수 있다. 이 과정을 각 XBee 모듈마다 반복하면 된다.

4.5 중앙 제어 인터페이스 개발하기

········· ╼ 우리는 이제 여러분의 컴퓨터에서 모션 센서를 모니터링할 것이다. 이 인터페이스를 사용해 여러분은 XBee를 통해 각 센서 상태를 웹브라우저에서 확인할 수 있다.

이를 위해 JavaScript의 서버 사이트 어플리케이션 코딩을 지원하는 Node.js 기반으로 개발을 할 것이다. 먼저 우리는 app.js로 불리는 메인 파일을 코딩하여, 터미널에서 node 명령을 사용해 이를 실행할 것이다. 다음은 이와 관련된 코드이다.

```javascript
// Module
var express = require('express');
var path = require('path');
var arest = require('arest');

// Create app
var app = express();
var port = 3700;

// Set views
app.use(express.static(path.join(__dirname, 'public')));
app.use(express.static(path.join(__dirname, 'views')));

// Serve files
app.get('/interface', function(req, res){
```

```
    res.sendfile('views/interface.html')
});

// API access
app.get("/send", function(req, res){
    arest.send(req,res);
});

// Start server
app.listen(port);
console.log("Listening on port " + port);
```

이 코드는 필요한 모듈을 임포트하는 것으로 시작한다.

```
var express = require('express');
var path = require('path');
var arest = require('arest');
```

그리고 익스프레스 프레임웍 기반 어플리케이션을 생성하고, 포트를 3700으로 설정한다.

```
var app = express();
var port = 3700;
```

우리는 우리 소프트웨어의 어디에 그래픽 인터페이스가 있는지를 말해주어야 하고, 이를 위해 그 인터페이스 코드를 어떻게 찾는지를 알려줘야 한다.

```
app.use(express.static(path.join(__dirname, 'public')));
app.use(express.static(path.join(__dirname, 'views')));
```

이제 우리는 서버의 경로 구조를 만들어야 한다. 먼저 인터페이스 자체에
대한 URL을 설정해 프로젝트에서 그래픽 인터페이스가 필요할 때 이를
사용할 수 있도록 해야 한다. 이와 관련된 HTML 파일에 대한 /interface
URL을 정의해 경로를 만든다.

```
app.get('/interface', function(req, res){
  res.sendfile('views/interface.html')
});
```

또한 아두이노 프로젝트에 보낼 명령을 받을 URL를 정의한다. 이를 위해
aREST Node.js 모듈 내에 관련 함수와 /send URL을 연결한다.

```
app.get("/send", function(req, res){
  arest.send(req,res);
});
```

마지막으로 app.js 파일에서 우리는 이전에 정의한 포트로 어플리케이션
을 시작하도록 하고, 콘솔(console)에 메시지를 출력한다.

```
app.listen(port);
console.log("Listening on port " + port);
```

다음은 메인 서버 파일이다. 이제 인터페이스를 만들어보겠다. HTML 파

일의 콘텐츠 부분이 보일 것이다. 이 파일을 우리 프로젝트 폴더의 /viewer 폴더에 놓는다. 다음은 관련된 완전한 코드이다.

```html
<head>
  <LINK href="/css/interface.css" rel="stylesheet" type="text/css" />
  <LINK href="/css/flat-ui.css" rel="stylesheet" type="text/css" />

  <script type="text/javascript" src="/js/jquery-2.0.3.min.js">
  </script>
  <script type="text/javascript" src="/js/interface.js"></script>
  <script type="text/javascript" src="/js/arest.js"></script>
</head>

<body>
  <div class="mainContainer">
    <div class="title">XBee motion sensors</div>

      <div class="sensorBlock"><span class="sensorTitle">Sensor
      1</span>
        <span class="display" id="display_1"></span>
      </div>

      <div class="sensorBlock"><span class="sensorTitle">Sensor
      2</span>
        <span class="display" id="display_2"></span>
      </div>
  </div>
  </body>
```

이 파일은 인터페이스 클릭 시 처리나 아두이노 보드에 명령을 보내기 위한 처리를 하는 것과 관련된 JavaScript를 임포트하는 것으로 시작한다.

```
<script type="text/javascript" src="/js/jquery-2.0.3.min.js"></script>
<script type="text/javascript" src="/js/interface.js"></script>
<script type="text/javascript" src="/js/arest.js"></script>
```

좀 더 나은 인터페이스 뷰를 위해 CSS 파일을 포함한다.

```
<LINK href="/css/interface.css" rel="stylesheet" type="text/css" />
<LINK href="/css/flat-ui.css" rel="stylesheet" type="text/css" />
```

인터페이스 주요 파트는 몇 개 블록으로 나눠져 있어 각 센서의 상태를
보여준다. 센서의 활성화 여부를 알기 위해, 해당 센서의 색상을 회색에서
오렌지색으로 변경하는 색상 인디케이터를 다음과 같이 정의한다.

```
<div class="sensorBlock"><span class="sensorTitle">Sensor 1</span>
  <span class="display" id="display_1"></span>
</div>
```

다음으로 프로젝트 인터페이스 동작을 정의하는 interface.js 코드를 확
인해보자. Node.js 서버로부터 보드에 보낼 질의를 만들고, 이를 인터페
이스에 업데이트한다. 이 파일은 인터페이스 폴더의 public/js 폴더에 둔
다. 코드는 다음과 같다.

```
// Hardware parameters
type = 'serial';
address = '/dev/cu.usbserial-A702LF8B';

setInterval(function() {
```

```
    // Get sensor data
    json_data = send(type, address, '/digital/8');

    // Get sensor ID
    var sensorID = json_data.id;

    // Update display
    if (json_data.return_value == 0){
      $("#display_" + sensorID).css("background-color","gray");
    }
    else {
      $("#display_" + sensorID).css("background-color","orange");
    }

}, 1000);
```

이 소스는 시리얼 커뮤니케이션을 시작하기 위한 코드로 시작하며, 시리얼 포트를 다음과 같이 지정한다.

```
type = 'serial';
address = '/dev/cu.usbserial-A702LF8B';
```

이전 단원에서 사용한 시리얼 포트 주소를 address 변수 값으로 설정해야 함에 주의하라.

JavaScript 파일의 메인 파트는 질의를 센서로 보냄으로써 각 센서들의 상태를 연속적으로 체크한다. 이 작업은 setInterval( ) 함수에서 처리한다.

```
setInterval(function() {
```

이 함수 내부에서 우리는 컴퓨터에 연결된 XBee explorer 보드를 통해 요청을 보낸다. 우리는 /digital/8 명령을 보내 각 모듈의 모션 센서로부터 데이터를 얻고 변수에 저장한다.

```
json_data = send(type, address, '/digital/8');
```

aREST 라이브러는 JSON 컨테이너 형식으로 데이터를 리턴한다. JavaScript에서 이 형식의 데이터를 접근하는 것은 매우 쉽다. 먼저 id 필드는 다음과 같이 접근할 수 있다.

```
var sensorID = json_data.id;
```

센서의 ID를 얻은 후 모션 상태를 확인하기 위해 retun_value 필드를 확인한다. 만약 이 필드 데이터가 0이면 센서 표시기를 회색으로 변경하고, 그렇지 않으면 오렌지색으로 변경해 센서가 감지되었음을 표시한다.

```
if (json_data.return_value == 0){
   $("#display_" + sensorID).css("background-color","gray");
}
else {
   $("#display_" + sensorID).css("background-color","orange");
}
```

이후 setInterval( ) 함수를 닫고, 매 초마다 루프를 반복한다.

```
}, 1000);
```

이 코드는 이전 설명과 같이 GitHub 해당 주소에서 다운로드 가능하다.

인터페이스 테스트를 위해 GitHub에서 모든 파일을 다운로드하고, 아두이노 보드에 스케치 코드를 업로드한다.

터미널에서 인터페이스 폴더로 이동한 후 다음과 같이 aREST 모듈을 설치할 수 있도록 명령을 입력한다.

```
sudo npm install arest
```

만약 윈도우 운영체계라면 명령 앞의 sudo를 제외하고 입력한다. 또한 XBee 모듈을 접근하는 node-serial 모듈을 설치할 필요가 있다.

```
sudo npm install serialport
```

만약 Raspberry Pi를 사용한다면 이 모듈의 이전 버전을 설치해야 한다.

```
sudo npm install serialport@1.4.2
```

express 모듈 설치를 위해 다음 명령을 입력한다.

```
sudo npm install express
```

마지막으로 Node.js 서버를 다음 명령으로 시작한다.

```
sudo node app.js
```

터미널에서 다음 메시지를 확인할 수 있다.

```
Listening on port 3700
```

이제 웹브라우저를 실행해 주소창에 다음을 입력한다.

```
localhost:3700/interface
```

다음과 같은 인터페이스를 볼 수 있을 것이다.

XBee motion sensors

Sensor 1　

Sensor 2

테스트를 위해 본인은 두개 모션 센서를 사용했다. 하나의 동작을 묘사하기 위해 손으로 ID 2번 센서 앞을 손으로 지나가본다. 관련 표시기가 즉시 오렌지색으로 변할 것이다. 물론 많은 센서가 있을 경우 인터페이스 내 블록들은 더 많아질 것이다.

만약 제대로 동작하지 않으면, 앞서 언급한 바와 같이 GitHub에서 관련 최신 버전 소소를 다운로드하고, 여러분의 설정 값으로 소스 파일을 업데이트한 후 Node 모듈을 설치하고, 웹 인터페이스를 시작해보라.

4.6 향후 해볼 만한 것

이제까지 배운 것을 요약해보자. 우리는 XBee를 이용해 무선 네트워크 기능을 추가하였다. XBee 모듈이 어떻게 아두이노와 인터페이스하고, XBee 모션 센서와 동작하는지 배웠다. 이제 각 무선 모션 센서를 웹브라우저를 통해 모니터링할 수 있다.

이 프로젝트를 통해 더 많은 것을 해볼 수 있다. 가장 쉬운 것 중 하나는 여러분의 집을 커버하는 모션 센서들을 더 추가하는 것이다. 또한 다른 디지털 센서를 추가할 수도 있다. 예를 들어, 접촉 센서(contact sensor, 출입 감지나 도난 방지용으로 많이 사용된다)를 도어나 창에 설치할 수도 있다.

이런 센서는 같은 원리로 XBee를 사용해 모니터링하고, 온도 센서와 같이 측정할 수 있다.

Chapter 05

블루투스 기반 기상 관측

05
블루투스 기반 기상 관측

이 장에서는 2장에서 보았던 프로젝트에 무선 기능을 추가해보도록 하겠다. 무선 기상 측정기를 만들기 위해 Bluetooth를 사용한다.

실내 온도, 습도, 조명을 측정하고, 이 데이터를 LCD 스크린으로 출력해보았지만, 새 프로젝트에서는 Bluetooth를 이용해 여러분 집의 어디에서나 측정된 데이터를 모니터링할 수 있다. 또한 웹브라우저를 통해 이 측정값들을 체크할 수도 있다.

5.1 하드웨어 & 소프트웨어 요구사항

온도, 습도 측정을 위해 DHT11 센서와 4.7K 저항을 사용한다. DHT22 센서는 좀 더 정확하며, 코드에 한 줄 변경 사항만 적용하면 된다.

조도 측정은 광센서와 10K 옴 저항을 사용한다. 이 센서는 조도 신호를 리턴한다.

LCD 스크린은 측정값 디스플레이에 사용한다. 본인은 4×20 character LCD를 사용해, 동시에 네 개의 측정값을 디스플레이하려 한다. 이 스크린은 I2C 인터페이스를 가지며, 이를 동작하기 위해 단지 두 개 핀만을 아두이노 보드에 연결하면 된다.

Adafruit에서 구입한 Bluetooth 2.1 모듈을 사용하였으며, 이 모듈은 아두이노 보드의 시리얼 포트와 직접 인터페이스할 수 있어 매우 편리하다. 기본적으로 어떤 Bluetooth를 사용해도 무방하며, 아두이노 시리얼 포트와 통신할 수 있다. 아두이노에 필요한 라이브러리를 요구하는 모듈 (nRF8001 칩의 예)은 이 프로젝트에서는 사용하지 않는다. 다음은 사용한 모듈이다.

마지막으로, 브레드보드와 다른 전자소자를 연결하기 위한 male-male 점퍼 와이어를 사용할 것이다.

다음은 사용된 부품 리스트이고, 링크를 통해 구입할 수 있다.

- Arduino Uno(http://www.adafruit.com/product/50)
- DHT11 sensor(http://www.adafruit.com/product/386)
- Photocell(http://www.adafruit.com/product/161)
- 10k Ohm resistor(https://www.sparkfun.com/products/8374)
- LCD display(http://www.robotshop.com/en/dfrobot-i2c-twi-lcd-module.html)
- Adafruit EZ-Link Bluetooth module(https://www.adafruit.com/products/1588)
- Breadboard(http://www.adafruit.com/product/64)
- Jumper wires(http://www.adafruit.com/product/758)

aREST 라이브러리는 다음 링크를 통해 얻을 수 있다.

https://github.com/marcoschwartz/aREST

DHT 센서 라이브러리는 다음에서 얻을 수 있다.

https://github.com/adafruit/DHT-sensor-library

LCD 스크린 라이브러리는 다음에서 얻을 수 있다.

https://bitbucket.org/fmalpartida/new-liquidcrystal/downloads

라이브러를 설치하기 위해서 다운받은 파일들을 아두이노 폴더의 /libraries/ 폴더에 복사해 놓는다.

5.2 블루투스 기상 관측소 만들기

이 프로젝트의 하드웨어 연결은 매우 간단하다. DHT11 센서, 광센서, LCD 스크린과 Bluetooth 모듈을 다음 그림과 같이 연결한다.

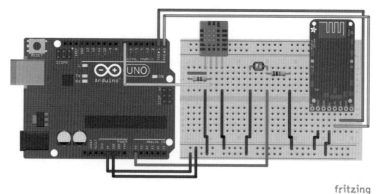

fritzing

먼저 아두이노 우노 +5V 핀을 브레드보드 적색 레일에 연결하고, 청색 레일에 그라운드 핀을 연결한다.

DHT11 센서 연결을 위해 다음 그림을 확인하라.

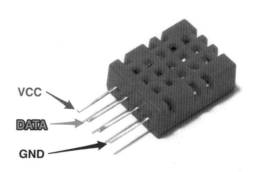

DHT11 센서의 1번 핀(VCC)을 적색 레일에 연결하고, 4번 핀(GND)을 청색 레일에 연결한다. 2번 핀을 아두이노 보드 7번 핀에 연결한다.

DHT11 센서 연결 후 4.7K 옴을 센서의 1번과 2번 핀 사이에 연결한다.

광센서는 10K 옴 저항과 일렬로 브레드보드에 놓는다. 광센서 끝 핀을 적색 레일에 연결하고, 저항의 다른 끝 핀을 그라운드에 연결한다. 마지막으로 저항과 광센서의 나머지 핀을 서로 연결하고, 연결된 핀을 아두이노 아날로그 핀 A0에 연결한다.

LCD 스크린을 연결하기 위해 LCD I2C 인터페이스 VCC 핀은 적색 레일에 연결한다. GND 핀은 청색 레일에 연결한다. 그리고 LCD의 SDA 핀은 아두이노 핀 A4에 연결하고, LCD의 SCL 핀은 아두이노의 A5 핀에 연결한다.

Bluetooth 모듈은 연결이 매우 쉽다. 먼저 전원에 대해 Vin 핀을 적색 레일에 연결하고, GND 핀을 청색 레일에 연결한다. 이제 Bluetooth 모듈의 시리얼 포트와 아두이노 포트를 연결해야 한다. 이 모듈의 RX 핀과 아두이노 보드의 TX 핀(핀 번호 1번)을 연결하고, 모듈의 TX 핀을 아두이노 보드의 RX 핀(핀 번호 0번)과 연결한다.

다음은 전체 조립된 모습이다.

브레드보드상의 Bluetooth 모듈은 다음과 같이 보인다.

5.3 블루투스 모듈 페어링(pairing)하기

더 진행하기 전에 하드웨어 조립 상태를 테스트해보자. 2장에서 이미 테스트해본 바와 같이 각 센서를 테스트해본다. 여기서는 간단히 Bluetooth 모듈만 테스트할 것이다.

아두이노 보드와 컴퓨터를 USB 케이블로 연결해 프로젝트 전원을 켠다. 여러분의 컴퓨터에서 Bluetooth preference 설정창을 확인하고, 컴퓨터 근처 Bluetooth 장치가 나타나는지 확인한다.

여러분의 컴퓨터에 Bluetooth 모듈을 페어(pair)하기 위해 'Pair'를 클릭하라. 그리고 아두이노 IDE로 가서 Tools>Serial Port 리스트를 열어본다. 새로운 시리얼 포트가 보일 것이다. 본인 컴퓨터에서는 'AdafruitEZ' 테스트가 포함된 이름으로 확인되었다.

이와 같은 방식으로 아두이노 IDE에서 해당 포트를 클릭해 설정한다. Bluetooth 모듈이 제대로 짝지어졌다면 아두이노 IDE에 해당 포트가 나타나지 않을 이유가 없다.*

5.4 원격 온도 측정

━■: 이제 짝지어진 Bluetooth 모듈을 통해 명령을 받는 스케치 코드를 개발할 것이다. 이를 위해 우리는 aREST 라이브러리를 다시 사용

---

* 윈도우 운영체계에서는 설정 방식이 약간 다른데, 우선 Bluetooth 장치를 추가해야 한다. Bluetooth 모듈이 연결된 아두이노에 전원을 연결한다. 그리고 1) '제어판〉장치 추가'에서 검색된 Bluetooth를 선택한다(본인의 경우 HC-06 장치로 표시되었다). 2) 장치의 연결 코드를 본인이 원하는 숫자로 입력하여, Bluetooth 장치를 추가한다. 이후 새로운 시리얼 포트가 생성된다. 제대로 추가되었다면, '제어판〉하드웨어 및 소리〉장치 및 프린터'에 USB 입력장치에서 Bluetooth의 COM 포트 번호를 확인할 수 있다. 이 과정을 다시 하고 싶다면, 해당 장치를 제거하고 다시 추가한다. 앞의 내용처럼 Bluetooth 시리얼 포트를 사용해 본다.

한다. 다음은 해당 코드이다.

```
// Code to measure data & make it accessible via

// Libraries
#include <Wire.h>
#include <LiquidCrystal_I2C.h>
#include "DHT.h"
#include <aREST.h>

// DHT sensor
#define DHTPIN 7
#define DHTTYPE DHT11

// LCD display instance
LiquidCrystal_I2C lcd(0x27,20,4);

// DHT instance
DHT dht(DHTPIN, DHTTYPE);

// Create aREST instance
aREST rest = aREST();

// Variables to be exposed to the API
int temperature;
int humidity;
int light;

void setup()
{
  // Start Serial
  Serial.begin(115200);

  // Expose variables to REST API
  rest.variable("temperature",&temperature);
  rest.variable("humidity",&humidity);
  rest.variable("light",&light);
```

```
    // Set device name & ID
    rest.set_id("1");
    rest.set_name("weather_station");

    // Initialize the lcd
    lcd.init();

    // Print a message to the LCD.
    lcd.backlight();
    lcd.setCursor(1,0);
    lcd.print("Hello !");
    lcd.setCursor(1,1);
    lcd.print("Initializing ...");

    // Init DHT
    dht.begin();

    // Clear LCD
    delay(2000);
    lcd.clear();
}


void loop()
{

    // Measure from DHT
    temperature = (int)dht.readTemperature();
    humidity = (int)dht.readHumidity();

    // Measure light level
    float sensor_reading = analogRead(A0);
    light = (int)(sensor_reading/1024*100);

    // Handle REST calls
    rest.handle(Serial);

    // Display temperature
    lcd.setCursor(1,0);
```

```
lcd.print("Temperature: ");
lcd.print((int)temperature);
lcd.print((char)223);
lcd.print("C");

   // Display humidity
lcd.setCursor(1,1);
lcd.print("Humidity: ");
lcd.print(humidity);
lcd.print("%");

   // Display light level
lcd.setCursor(1,2);
lcd.print("Light: ");
lcd.print(light);
lcd.print("%");

// Wait 100 ms
delay(100);

}
```

먼저, 프로젝트에서 사용하는 라이브러리 인클루드(include)가 필요하다.

```
#include <Wire.h>
#include <LiquidCrystal_I2C.h>
#include "DHT.h"
#include <aREST.h>
```

DHT 센서와 연결하는 핀 정의를 선언한다.

```
#define DHTPIN 7
#define DHTTYPE DHT11
```

LCD 스크린 인스턴스를 생성한다.

```
LiquidCrystal_I2C lcd(0x27,20,4);
```

DHT 센서 인스턴스를 생성한다.

```
DHT dht(DHTPIN, DHTTYPE);
```

aREST 라이브러리 인스턴스를 생성한다.

```
aREST rest = aREST();
```

setup( ) 함수를 호출하기 전에 웨더 스테이션에 의해 측정된 값을 저장하기 위한 변수들을 선언한다.

```
int temperature;
int humidity;
int light;
```

이제 setup( ) 함수에서 시리얼 포트를 초기화한다.

```
Serial.begin(115200);
```

Bluetooth 모듈의 운영 스피드를 115200bps로 설정하였다. 만약 여러분이 사용하는 Bluetooth 모듈이 다른 부품이라면, 시리얼 스피드를 그에 맞게 변경해야 한다.

aREST API를 이용해 측정값을 저장해 노출시킴으로써, Bluetooth를 통해 이 값들을 접근할 수 있도록 한다.

```
rest.variable("temperature",&temperature);
rest.variable("humidity",&humidity);
rest.variable("light",&light);
```

이제 웨더 스테이션의 ID를 부여한다.

```
rest.set_id("1");
rest.set_name("weather_station");
```

마지막으로 setup( )에서 LCD 스크린과 DHT를 초기화한다.

```
lcd.init();
dht.begin();
```

loop( ) 함수에서 요청된 측정값을 만들고, Bluetooth 모듈로부터 오는 호출을 처리하며, LCD 스크린에 그 측정값을 출력하도록 한다. 먼저 DHT 센서의 측정값을 얻는다.

```
temperature = (int)dht.readTemperature();
humidity = (int)dht.readHumidity();
```

광센서에서 데이터를 취득해 %로 변환한다.

```
float sensor_reading = analogRead(A0);
light = (int)(sensor_reading/1024*100);
```

이후 Bluetooth 모듈로부터 오는 요청을 처리한다.

```
rest.handle(Serial);
```

마지막으로 여러 측정값을 LCD에 출력한다. 다음은 온도 값을 출력하는
코드이다.

```
lcd.setCursor(1,0);
lcd.print("Temperature: ");
lcd.print((int)temperature);
lcd.print((char)223);
lcd.print("C");
```

이 프로젝트의 완전한 코드는 GitHub 해당 주소에서 다운로드할 수 있다.

https://github.com/openhomeautomation/home-automation-arduino

프로젝트를 테스트해보자. 현재 Bluetooth 모듈은 시리얼 포트와 직접
연결되어 있으므로, 아두이노 보드에 프로그램을 올릴 수 없다. Bluetooth
모듈에서 아두이노 보드(TX & RX)로 가는 연결에서 제거한다.

이제 스케치 코드를 아두이노 보드로 올린다. 그리고 다시 Bluetooth 모
듈과 아두이노 모듈의 TX, RX를 서로 연결한다. 컴퓨터와 Bluetooth

를 페어한다.

시리얼 모니터를 열고, 스케치 코드에 정의된 시리얼 스피드를 선택한다. end line character를 'Carriage return'으로 설정한다. 그리고 다음과 같이 입력한다.

```
/id
```

웨더 스테이션의 ID와 이름을 응답할 것이다.

```
{"id": "1", "name": "weather_station", "connected": true}
```

센서 값 하나를 테스트해본다. 예를 들어, 조도는 다음과 같이 명령을 줘본다.

```
/light
```

다음과 같이 응답할 것이다.

```
{"light": 83, "id": "1", "name": "weather_station", "connected": true}
```

물론 LCD 스크린의 모든 측정값을 출력할 수도 있다.

만약 제대로 동작하지 않으면, 이전 장처럼, 모든 하드웨어 연결이 제대로 되었는지 체크하고, 스케치 코드 업로드를 확인한 후 Bluetooth 모듈과 아두이노 보드 연결을 체크해본다.

5.5 서버 인터페이스 만들기

이제 우리의 블루투스 기상 관측소를 위한 인터페이스를 만들어서 웹브라우저를 통해 관측소에서 얻은 다양한 측정 수치를 확인해보자. LCD 화면을 통한 측정치 확인은 여전히 가능하지만 이것을 원격으로도 확인할 수 있게 된다. 여기에서 다룰 내용은 앞장에서 작업했던 인터페이스에 대한 내용과 유사할 것이다. 자신이 있다면 코드 검토의 초반부는 건너뛰어도 괜찮다.

이 책에서 개발한 다른 인터페이스와 마찬가지로, 여기에서도 Node.js 기반으로 인터페이스를 개발할 것이다. 우선 뒤에 터미널에서 노드 명령을 사용하기 위해 돌릴 메인 파일을 app.js라는 이름으로 코딩한다. 다음은 이 파일의 전체 코드이다.

```javascript
// Module
var express = require('express');
var path = require('path');
var arest = require('arest');

// Create app
var app = express();
var port = 3700;

// Set views
app.use(express.static(path.join(__dirname, 'public')));
app.use(express.static(path.join(__dirname, 'views')));

// Serve files
app.get('/interface', function(req, res){
  res.sendfile('views/interface.html')
});

// API access
app.get("/send", function(req, res){
  arest.send(req,res);
});

// Start server
app.listen(port);
console.log("Listening on port " + port);
```

이 코드는 다음과 같은 모듈을 임포트하며 시작한다.

```
var express = require('express');
var path = require('path');
var arest = require('arest');
```

그러고 나서, express 프레임웍을 기반으로 app을 생성하고, port는 3700으로 설정한다.

```
var app = express();
var port = 3700;
```

뒤에 코딩할 그래픽 인터페이스를 가져올 위치, 그리고 인터페이스 코드의 위치를 명시하는 것도 잊지 말아야 한다.

```
app.use(express.static(path.join(__dirname, 'public')));
app.use(express.static(path.join(__dirname, 'views')));
```

이제 서버에 두 개의 경로를 생성해야 한다. 첫 번째는 인터페이스 자체에 대한 것으로, 이 프로젝트의 그래픽 인터페이스에 접근하기 위해 사용할 URL이다. 경로를 정의하기 위해 /interface URL을 그에 대항하는 HTML 파일에 연결하자.

```
app.get('/interface', function(req, res){
   res.sendfile('views/interface.html')
});
```

아두이노 보드에 명령을 전송하기 위해 사용할 URL도 정의해야 한다. 이

를 위해 /send URL을 그에 해당하는 aREST Node.js 모듈 내의 함수에 연결해야 한다.

```
app.get("/send", function(req, res){
  arest.send(req,res);
});
```

app.js 파일 내에서 마지막으로 할 작업은 앞에서 정의한 port로 app을 시작하고 콘솔에 메시지를 쓰는 것이다.

```
app.listen(port);
console.log("Listening on port " + port);
```

여기까지가 메인 서버 파일에 대한 내용이었다면, 다음으로는 인터페이스 자체를 구축할 것이다. 우선 HTML 파일의 내용을 살펴보자. 이 파일은 프로젝트의 /view 폴더 내에 있으며, 그 전체 코드는 다음과 같다.

```
<head>

<LINK href="/css/interface.css" rel="stylesheet" type="text/css" />
<LINK href="/css/flat-ui.css" rel="stylesheet" type="text/css" />

<script type="text/javascript" src="/js/jquery-2.0.3.min.js"></script>
<script type="text/javascript" src="/js/interface.js"></script>
<script type="text/javascript" src="/js/arest.js"></script>

</script>

</head>
```

```
<body>

<div class="mainContainer">

<div class="title">Bluetooth Weather Station</div>

    <div class="display" id="temperatureDisplay">Temperature: </div>
    <div class="display" id="humidityDisplay">Humidity: </div>
    <div class="display" id="lightDisplay">Light level: </div>
    <div class="status" id="status">Offline</div>

</div>
</body>
```

이 파일의 앞 부분에서는 인터페이스에 대한 클릭을 처리하고 그에 맞는 명령을 아두이노 보드에 보내기 위한 몇 가지 자바스크립트 파일을 임포트한다.

```
<script type="text/javascript" src="/js/jquery-2.0.3.min.js"></script>
<script type="text/javascript" src="/js/interface.js"></script>
<script type="text/javascript" src="/js/arest.js"></script>
```

그리고 인터페이스의 외관을 다듬기 위한 몇 가지 css 파일도 포함시킨다.

```
<LINK href="/css/interface.css" rel="stylesheet" type="text/css" />
<LINK href="/css/flat-ui.css" rel="stylesheet" type="text/css" />
```

다음으로 인터페이스의 주요 부는 각각의 센서의 상태를 표시하는 몇 가지 블록으로 구성된다. 하나의 센서가 활성 상태인지 표시하기 위해 인디케이터의 색상을 회색에서 주황색으로 바꾼다. 다음이 센서에 대한 코드이다.

```
<div class="display" id="temperatureDisplay">Temperature: </div>
<div class="display" id="humidityDisplay">Humidity: </div>
<div class="display" id="lightDisplay">Light level: </div>
<div class="status" id="status">Offline</div>
```

이제 프로젝트의 인터페이스 작동에 대해 정의하는 interface.js 파일 내의 코드를 살펴보자. 이 파일은 Node.js 서버를 통해 보드에 쿼리를 던지고 그에 따라 인터페이스를 업데이트한다. 파일의 경로는 인터페이스의 public/js 폴더이며, 전체 코드는 다음과 같다.

```
// Hardware parameters
type = 'serial';
address = '/dev/cu.AdafruitEZ-Link06d5-SPP';
speed = 115200;

setInterval(function() {

  // Update light level
  json_data = send(type, address, '/light', speed);
  $("#lightDisplay").html("Light level: " + json_data.light + "%");

  // Update status
  if (json_data.connected == 1){
    $("#status").html("Station Online");
    $("#status").css("color","green");
  }
  else {
    $("#status").html("Station Offline");
    $("#status").css("color","red");
  }

  // Update temperature
  json_data = send(type, address, '/temperature', speed);
  $("#temperatureDisplay").html("Temperature: " + json_data.temperature
```

```
  + " ˘ rC");

  // Update humidity
  json_data = send(type, address, '/humidity', speed);
  $("#humidityDisplay").html("Humidity: " + json_data.humidity + "%");

}, 10000);
```

이 파일의 시작 부분에서는 시리얼 통신 사용을 정의하며, 사용할 시리얼
포트와 속도를 명시한다.

```
type = 'serial';
address = '/dev/cu.AdafruitEZ-Link06d5-SPP';
speed = 115200;
```

여기에서 'address' 변수는 각자가 사용하고 있는 블루투스 모듈의 시리
얼 포트 주소로 바꾸어야 한다.

이 자바스크립트 파일의 주요 부분에서는 지속적으로 aREST API를 통해
쿼리를 보내서 보드에서 측정한 여러 변수의 값을 요청한다. 이 과정은
setInterval( ) 함수 내에서 이루어진다.

```
setInterval(function() {
```

이 함수 내에서는 컴퓨터의 블루투스 연결을 통해 요청을 보낸다. 예를
들어, 아두이노 보드가 측정한 조도를 얻기 위해서는 전에 사용한 /light
명령을 보낸다. 그 후 변수 내에 담긴 데이터를 저장한다.

```
json_data = send(type, address, '/light', speed);
```

aREST 라이브러리는 항상 JSON 컨테이너에 데이터를 담아서 반환하기 때문에 자바스크립트 내에서 이 데이터에 접근하기는 매우 쉽다. 일단 데이터를 얻으면, 다음과 같이 해당 값을 디스플레이에 업데이트할 수 있다.

```
$("#lightDisplay").html("Light level: " + json_data.light + "%");
```

온도 및 습도에 대해서도 마찬가지 방법을 사용하면 된다. 또한 관측소가 온라인 상태인지를 알 필요도 있다. 이를 위해서는 측정값이 돌아왔을 때 'connected'라는 이름의 필드를 읽어서 인터페이스 내의 해당 디스플레이를 업데이트해야 한다.

```
if (json_data.connected == 1){
  $("#status").html("Station Online");
  $("#status").css("color","green");
}
else {
  $("#status").html("Station Offline");
  $("#status").css("color","red");
}
```

여기까지 한 후 setInterval( ) 함수를 닫고, 이 루프를 2초마다 반복한다.

참고로 이 장에 사용되는 모든 코드는 이 책의 GitHub 저장소에서 찾을 수 있으며 그 주소는 다음과 같다.

https://github.com/openhomeautomation/home-automation-arduino

이제 인터페이스를 테스트해보자. GitHub 저장소에서 전체 파일을 다운로드했는지 확인하고, 코드 중 블루투스 모듈의 시리얼 포트처럼 각자의 환경에 맞게 수정해야 될 부분은 업데이트하자. 또한 이 장의 앞부분에서 본 코드가 아두이노 보드에 프로그래밍되어 있어야 한다.

그리고 터미널을 통해 인터페이스 폴더에 진입해서 다음의 명령을 통해 aREST 모듈을 설치하자.

```
sudo npm install arest
```

윈도우 환경에서 작업 중이라면 명령어 앞의 sudo를 빼야 하며, Node.js 명령 프롬프트를 사용하는 것이 좋다.

또한 XBee 모듈에 접근하기 위해 node-serialport 모듈을 설치해야 한다.

```
sudo npm install serialport
```

만약 라즈베리 파이를 사용하고 있다면, 다음과 같이 이 모듈의 구 버전을 사용해야 한다.

```
sudo npm install serialport@1.4.2
```

그리고 express 모듈을 설치하기 위해 다음 명령을 입력하자.

```
sudo npm install express
```

마지막으로 다음과 같이 입력해서 Node.js 서버를 시작하자.

```
sudo node app.js
```

서버를 시작하면 터미널에 다음 메시지가 나타나야 한다.

```
Listening on port 3700
```

이제 웹브라우저에서 다음 주소를 입력하자.

```
localhost:3700/interface
```

블루투스 2.1은 연결 속도가 꽤 느리기 때문에 조금 기다려야 한다. 그러고 나면 최종적으로 다음과 같은 기상 관측소 인터페이스를 볼 수 있을 것이다.

Bluetooth Weather Station

Temperature: 25°C

Humidity: 36%

Light level: 89%

Station Online

인터페이스가 출력하는 측정값을 LCD 화면의 값과 비교해서 일치하는지 확인해보도록 하자. 이 시점에서 작동에 문제가 있다면 몇 가지 체크해야 할 부분이 있다. 우선 이 책의 GitHub 저장소에서 가장 최신 버전의 코드를 다운로드했는지 확인하자. 또한 블루투스 모듈의 시리얼 포트와 같이 각자의 상황에 맞게 수정해야 할 파일 내의 설정 값을 수정했는지도 확인하자. 마지막으로, 웹 인터페이스를 시작하기 전에 필요한 Node.js 모듈을 npm으로 설치하였는지 확인하자.

5.6 향후 해볼 만한 것

이 프로젝트에서 배운 내용을 요약해보자. 기본적으로는 2장의 프로젝트에서 만든 시스템을 그대로 가져와서 거기에 블루투스를 이용한 무선 기능을 덧붙이는 과정이다. 이 과정에서 아두이노와 블루투스 모듈 사이에 인터페이스를 만드는 법을 배웠고, 이를 통해 무선 기상 관측소를 만드는 법을 습득하였다. 그리고 기상 관측소의 측정값을 웹브라우저를 통해 모니터링할 수 있도록 만들었다.

물론 이 프로젝트 역시 개선과 확장의 여지가 많다. 집에 여러 개의 기상 관측소를 설치하는 것도 가능하다. 각각의 블루투스 모듈은 서로 다른 이름과 시리얼 포트를 가지기 때문에 이 장에서 배운 내용을 이용해서 집안 이곳저곳에 관측소들을 설치할 수 있다.

또한 각각의 관측소에 센서를 더 추가하는 것도 가능하다. 예를 들어, 상용 기상 관측소에 더 가까운 시스템을 만들기 위해 기압 센서, 이를테면 BMP180 칩을 기반으로 한 센서를 추가할 수도 있다. 이를 통해 대기압을 측정할 수 있을 뿐 아니라 기상 관측소가 위치한 고도까지도 파악할 수 있다. 관측소를 야외에 설치한다면 풍속계를 추가해서 풍속을 측정할 수도 있을 것이다.

Chapter 06

WiFi 기반 조명 제어하기

WiFi 기반 조명 제어하기

이 장에서는 앞의 3장에서 만든 스마트 램프를 업그레이드할 것이다. 램프의 상태를 표시하기 위해 사용했던 LCD 스크린을 제거하고, 그 대신에 WiFi 모듈을 부착하는 것이다.

이를 통해 컴퓨터에서 원격으로 램프를 제어할 수 있을 뿐 아니라, 로컬 WiFi 네트워크에 연결되어 있는 모든 장치에서 제어가 가능해질 것이다. 앞으로 만들 인터페이스를 사용하면, 램프의 전력 소모를 모니터링할 수 있고, 주위의 조도를 확인할 수도 있을 것이다. 최종적으로는 측정치를 기반으로 규칙을 설정해서, 예를 들면 주위의 조도가 주어진 값을 넘어서면 자동으로 램프를 끄도록 만들 수도 있을 것이다. 자, 시작해보자!

6.1 하드웨어 & 소프트웨어 요구사항

이 프로젝트를 위해서는 물론 아두이노 우노 보드가 필요하다. 아두이노 메가 또는 레오나르도와 같은 다른 아두이노 보드를 사용해도 문제는 없다.

저자는 릴레이 모듈로 Polulu의 5V 릴레이 모듈을 사용했으며, 이는 보드에 결합하기 쉬울 뿐 아니라 아두이노 모듈에서 릴레이를 제어하기 위한 요소를 모두 갖추고 있다. 이 릴레이 모듈의 사진은 다음과 같다.

램프에 흐르는 전류를 측정하기 위해서는 AC712 센서를 기반으로 한 ITead Studio의 보드를 사용하면 된다. 이 센서는 전류 측정값에 비례하는 전압을 출력하기 때문에 아두이노와 함께 매우 쉽게 사용할 수 있다. 올바른 공식만 사용한다면 아두이노에서 측정한 전압을 통해 램프에 흐르는 전류의 양을 추정할 수 있는 것이다. 물론 같은 센서를 기반으로 한 다른 보드를 사용해도 무방하다. 이 센서 보드의 사진은 다음과 같다.

조도 측정을 위해서는 포토셀을 10K 옴 저항과 함께 사용하였다. 이 구성으로 조도에 비례하는 신호를 출력할 수 있다.

다음으로 필요한 것은 CC3000 WiFi 칩을 기반으로 한 WiFi 모듈이다. 선택 가능한 많은 방법이 있지만, 여기에서는 저자가 유일하게 아무 문제 없이 테스트했던 Adafruit의 CC3000 개발 보드(breakout board)를 사용하는 것을 추천한다. 작은 크기에 전압 레귤레이터(regulator) 및 안테나를 보드에 내장하고 있다. TI의 공식 CC3000 보드로도 테스트를 진행해 보았지만 문제가 많았고, 레벨 시프터(level shifter)도 필요했다 (CC3000은 3.3V를, 아두이노 우노는 5V를 사용한다). 다른 방법이 있다면 온라인상의 많은 PCB 레이아웃 자료를 참조하여 직접 개발 보드를 제작하는 것이다.

시스템에 램프를 추가하기 위해 한 쌍의 전원 케이블을 사용하였다. 둘다 한쪽 끝은 피복이 벗겨져 있고, 하나는 반대쪽 끝이 암 소켓으로 되어 램프의 플러그를 꽂고, 다른 하나는 반대쪽 끝이 수 소켓으로 되어 벽의 전원 콘센트에 꽂는 용도이다. 저자가 사용한 케이블의 사진은 다음과 같다.

마지막으로 전기적 배선을 위해 브레드보드와 점퍼선을 사용하였다.

이 프로젝트에서 사용한 모든 부품과 그 온라인 구매처의 목록은 다음과 같다.

- 아두이노 우노(http://www.adafruit.com/product/50)
- 릴레이 모듈(http://www.pololu.com/product/2480)
- 전류 센서(http://imall.iteadstudio.com/im120710011.html)
- 포토셀(http://www.adafruit.com/product/161)
- 10KΩ 저항(https://www.sparkfun.com/products/8374)
- CC3000 WiFi 개발 보드(http://www.adafruit.com/products/1469)
- 브레드보드(http://www.adafruit.com/product/64)
- 점퍼선(http://www.adafruit.com/product/758)

이 프로젝트에 필요한 소프트웨어는 최신 버전의 아두이노 IDE, 그리고 아두이노를 위한 aREST 라이브러리로, 해당 라이브러리는 다음의 링크에서 찾을 수 있다.

https://github.com/marcoschwartz/aREST

CC3000 칩 라이브러리도 이 프로젝트에 필요하다. 링크는 다음과 같다.

https://github.com/adafruit/Adafruit_CC3000_Library

그리고 CC3000 mDNS 라이브러리가 필요하다. 링크는 다음과 같다.

https://github.com/adafruit/CC3000_MDNS

다운로드한 라이브러리를 설치하기 위해서는 각자의 Arduino/libraries 폴더에 압축을 풀기만 하면 된다. 폴더가 없다면 새로 생성하면 된다.

6.2 프로젝트 개발하기

이제 프로젝트를 위한 하드웨어를 조립해보자. 앞서 릴레이를 사용했던 프로젝트와 마찬가지로, 두 부분으로 나누어서 진행할 것이다. 우선 릴레이 모듈과 같은 구성 요소들을 아두이노 보드에 연결하고, 그 후에 램프를 전체 시스템에 연결할 것이다.

첫 번째 부분의 하드웨어 연결은 비교적 간단하다. 릴레이 모듈, 전류 센서, WiFi 모듈과 포토셀을 연결하면 된다. 먼저 아두이노 우노의 +5V 핀을 브레드보드의 붉은색 레일로 연결하고, 그라운드 핀을 푸른색 레일로 연결한다.

포토셀은 브레드보드 위에 10K 옴 저항과 직렬로 연결한다. 그리고 포토셀의 다른 끝을 브레드보드의 붉은색 레일에 연결하고 저항의 반대쪽 끝을 그라운드에 연결한다. 마지막으로 저항과 포토셀의 연결점과 아두이노 우노의 A0 핀을 점퍼선을 통해 연결한다.

다음은 WiFi 모듈 차례다. 우선 CC3000 보드의 IRQ 핀을 아두이노 보드의 3번 핀에 연결하고, VBAT를 5번 핀으로, CS를 10번 핀으로 연결한다. 그 다음으로는 SPI 핀, 즉 MOSI, MISO, 그리고 CLK 핀을 각각 아두이노 보드의 11, 12, 그리고 13번 핀으로 연결해야 한다. 마지막으로 전원선을 연결한다. Vin을 아두이노의 5V(브레드보드의 붉은색 레일)에 연결하고, GND도 아두이노의 GND(브레드보드의 푸른색 레일)에 연결한다.

다음 그림의 회로 도식을 참조하자(아직 릴레이 모듈과 전류 센서를 연결하지 않은 상태이다).

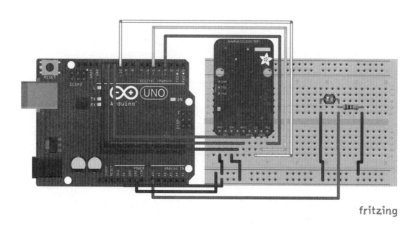

위 그림을 만드는 데에는 Fritzing을 사용하였다(http://fritzing.org/). 릴레이 모듈에서는 VCC, GND, 그리고 SIG의 3개 핀을 연결해야 한다.

VCC는 아두이노의 5V 핀으로, 즉 붉은색 전원 레일로 연결한다. GND는 아두이노의 그라운드 핀, 즉 푸른색 전원 레일로 연결한다. 마지막으로 SIG 핀은 아두이노 보드의 8번 핀에 연결한다.

전류 센서 모듈을 연결하는 방법도 비슷하다. 여기에는 VCC, GND, 그리고 OUT의 3개 핀이 있다. 릴레이와 마찬가지로 VCC는 아두이노의 5V 핀, 즉 붉은색 레일에 연결하고, GND는 아두이노의 그라운드 핀, 즉 푸른색 레일에 연결한다. OUT 핀은 아두이노 보드의 A1 아날로그 핀에 연결한다.

이렇게 조립한 시스템(램프 제외)의 모습은 다음 사진과 같다.

이제 조립한 시스템에 램프를 연결해보자. 기본적인 개념은 벽의 콘센트로부터 주 전원을 릴레이에 연결하고 전류 센서를 거친 후 램프로 연결되

도록 하는 것이다. 전원 연결을 위해 다음 회로도를 참조하자.

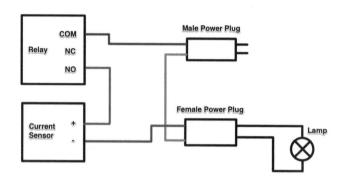

위험한 수준의 전압을 다루는 작업이기 때문에(독자가 거주하는 국가의 규격에 따라 110V 또는 230V의 전압일 것이다) 이 시점에서는 책의 도입부에 나왔던 주의 사항을 신경써서 작업해야 한다. 물론 고전력 장치를 연결하지 않고도 이 장의 프로젝트 전체를 만들고 테스트하는 것은 얼마든지 가능하다.

6.3 WiFi 모듈 테스트하기

무선 스마트 램프를 제작하기에 앞서서 이 프로젝트에서 가장 중요한 부품, 즉 WiFi 모듈이 잘 작동하는지 먼저 확인할 필요가 있다. 이를 위해 아두이노 스케치를 하나 짜서 칩을 초기화하고, 로컬 WiFi 네트워크에 접속한 후 모듈의 IP 주소를 출력하게 하여 네트워크에 성공적으로 접속했는지 확인한다. 이 부분의 전체 코드는 다음과 같다.

```
// Code for the test the WiFi module

// Import required libraries
#include <Adafruit_CC3000.h>
#include <SPI.h>

// These are the pins for the CC3000 chip if you are using a breakout
board
#define ADAFRUIT_CC3000_IRQ 3
#define ADAFRUIT_CC3000_VBAT 5
#define ADAFRUIT_CC3000_CS 10

// Create CC3000 instance
Adafruit_CC3000 cc3000 = Adafruit_CC3000(ADAFRUIT_CC3000_CS,
ADAFRUIT_CC3000_IRQ, ADAFRUIT_CC3000_VBAT, SPI_CLOCK_DIV2);

// Your WiFi SSID and password
#define WLAN_SSID "yourSSID"
#define WLAN_PASS "yourPassword"
#define WLAN_SECURITY WLAN_SEC_WPA2

void setup(void)
{
  // Start Serial
  Serial.begin(115200);

  // Set up CC3000 and get connected to the wireless network.
  Serial.println("Initializing chip ...");
  if (!cc3000.begin())
  {
    while(1);
  }

  // Connect to WiFi
  Serial.println("Connecting to WiFi network ...");
  if (!cc3000.connectToAP(WLAN_SSID, WLAN_PASS, WLAN_SECURITY)) {
    while(1);
  }
```

```
  while (!cc3000.checkDHCP())
  {
    delay(100);
  }
  Serial.println("Connected !");

  // Display connection details
  displayConnectionDetails();
  Serial.println(F("Test completed"));
}

void loop() {

}

// Display connection details
bool displayConnectionDetails(void)
{
  uint32_t ipAddress, netmask, gateway, dhcpserv, dnsserv;
  if(!cc3000.getIPAddress(&ipAddress, &netmask, &gateway, &dhcpserv,
  &dnsserv))
  {
    Serial.println(F("Unable to retrieve the IP Address!\r\n"));
    return false;
  }
  else
  {
    Serial.print(F("\nIP Addr: ")); cc3000.printIPdotsRev(ipAddress);
    Serial.print(F("\nNetmask: ")); cc3000.printIPdotsRev(netmask);
    Serial.print(F("\nGateway: ")); cc3000.printIPdotsRev(gateway);
    Serial.print(F("\nDHCPsrv: ")); cc3000.printIPdotsRev(dhcpserv);
    Serial.print(F("\nDNSserv: ")); cc3000.printIPdotsRev(dnsserv);
    Serial.println();
    return true;
  }
}
```

이 코드의 시작 부분에서는 CC3000 칩을 위한 라이브러리를 포함시킨다.

```
#include <Adafruit_CC3000.h>
#include <SPI.h>
```

그리고 CC3000 모듈이 연결된 아두이노의 핀 번호를 define 문으로 정의한다.

```
#define ADAFRUIT_CC3000_IRQ 3
#define ADAFRUIT_CC3000_VBAT 5
#define ADAFRUIT_CC3000_CS 10
```

다음으로, CC3000 WiFi 칩의 인스턴스를 생성한다.

```
Adafruit_CC3000 cc3000 = Adafruit_CC3000(ADAFRUIT_CC3000_CS,
ADAFRUIT_CC3000_IRQ, ADAFRUIT_CC3000_VBAT, SPI_CLOCK_DIV2);
```

이어질 부분에서는 주어진 스케치의 내용을 수정하여 각자의 SSID 네트워크 이름, 그리고 그에 해당하는 비밀번호로 바꾸어야 한다. 만약 자신의 네트워크가 WPA2 보안을 사용하고 있지 않다면 보안 파라미터도 함께 수정해야 한다.

```
#define WLAN_SSID "yourSSID"
#define WLAN_PASS "yourPassword"
#define WLAN_SECURITY WLAN_SEC_WPA2
```

이제 스케치의 setup( ) 함수 내에서 첫 번째로 할 일은 디버깅 목적의
시리얼 포트를 개방하는 것이다.

```
Serial.begin(115200);
```

다음으로는 CC3000 WiFi 칩을 초기화한다.

```
Serial.println("Initializing chip ...");
if (!cc3000.begin())
{
   while(1);
}
```

이어지는 작업은 WiFi 칩을 앞에서 정의한 WiFi 네트워크에 연결하고
IP 주소를 가져오는 일이다.

```
Serial.println("Connecting to WiFi network ...");
if (!cc3000.connectToAP(WLAN_SSID, WLAN_PASS, WLAN_SECURITY)) {
   while(1);
}
while (!cc3000.checkDHCP())
{
   delay(100);
}
Serial.println("Connected !");
```

칩이 네트워크에 연결되면 WiFi 모듈의 IP 주소를 얻어서 시리얼 포트로
출력하게 될 것이다. 마지막으로는 테스트가 완료되었다는 메시지를 출력
한다.

```
displayConnectionDetails();
Serial.println(F("Test completed"));
```

참고로 이 장에 사용되는 모든 코드는 이 책의 GitHub 저장소에서 찾을 수 있으며 그 주소는 다음과 같다.

https://github.com/openhomeautomation/home-automation-arduino

이제 이 프로젝트의 첫 번째 스케치를 테스트해보자. 각자의 WiFi 네트워크 이름과 비밀번호를 넣어서 스케치를 수정하는 것을 잊지 말자. 그리고 아두이노 보드에 스케치를 업로드한 후 시리얼 모니터를 열면 다음과 같은 로그를 볼 수 있을 것이다.

```
Initializing chip ...
Connecting to WiFi network ...
Connected !

IP Addr: 192.168.1.100
Netmask: 255.255.255.0
Gateway: 192.168.1.1
DHCPsrv: 192.168.1.1
DNSserv: 192.168.0.254
Test completed
```

IP 주소를 확인하였다면 WiFi 모듈이 시스템에 올바로 연결되어 있으며, WiFI 네트워크으로 접속하는 데에 성공했다는 의미이다. 축하한다! 이제 스마트 램프 프로젝트를 위한 원격 제어 부분의 코딩을 시작할 수 있게 되었다.

여기까지 작동시키는 데에 문제가 있다면 몇 가지 점검해야 하는 부분이 있다. 우선 CC3000 WiFi 모듈을 올바르게 연결하였는지 확인하자. 연결해야 하는 케이블이 많고 잘못 섞일 수 있는 여지도 많기 때문이다. 또한 인터넷 연결에 문제가 없는지도 확인하여야 한다. 여기에 문제가 있다면 WiFi 칩이 테스트 웹사이트에 접속할 수 없을 것이다.

6.4 원격 조명 제어

이번에는 WiFi를 통해 램프를 제어하고, 주변 조도 및 램프의 전력 소모를 측정하기 위한 아두이노 스케치를 작성해볼 것이다.

이를 위해서는 앞서와 마찬가지로 aREST 라이브러리를 사용해야 하며, 이를 통해 아두이노 보드의 핀과 측정치가 저장된 변수에 쉽게 접근할 수 있을 것이다.

이번 스케치는 조금 전 WiFi 연결을 테스트하기 위해 만든 스케치를 기반으로 하기 때문에, 앞의 스케치에 추가된 부분만을 상세하게 다룰 것이다. 우선 전체 코드는 다음과 같다.

```
// Code for the wireless smart lamp project

// Import required libraries
#include <Adafruit_CC3000.h>
#include <SPI.h>
#include <CC3000_MDNS.h>
#include <aREST.h>

// Relay state
const int relay_pin = 8;

// Define measurement variables
```

```
float amplitude_current;
float effective_value;
float effective_voltage = 230; // Set voltage to 230V (Europe) or 110V
(US)
float effective_power;
float zero_sensor;

// These are the pins for the CC3000 chip if you are using a breakout
board
#define ADAFRUIT_CC3000_IRQ 3
#define ADAFRUIT_CC3000_VBAT 5
#define ADAFRUIT_CC3000_CS 10

// Create CC3000 instance
Adafruit_CC3000 cc3000 = Adafruit_CC3000(ADAFRUIT_CC3000_CS,
ADAFRUIT_CC3000_IRQ, ADAFRUIT_CC3000_VBAT, SPI_CLOCK_DIV2);

// Create aREST instance
aREST rest = aREST();

// Your WiFi SSID and password
#define WLAN_SSID "yourNetworkName"
#define WLAN_PASS "yourPassword"
#define WLAN_SECURITY WLAN_SEC_WPA2

// The port to listen for incoming TCP connections
#define LISTEN_PORT 80

// Server instance
Adafruit_CC3000_Server restServer(LISTEN_PORT);

// DNS responder instance
MDNSResponder mdns;

// Variables to be exposed to the API
int power;
int light;

void setup(void)
```

```
{
  // Start Serial
  Serial.begin(115200);

  // Init variables and expose them to REST API
  rest.variable("light",&light);
  rest.variable("power",&power);

  // Set relay & led pins to outputs
  pinMode(relay_pin,OUTPUT);

  // Calibrate sensor with null current
  zero_sensor = getSensorValue(A1);

  // Give name and ID to device
  rest.set_id("001");
  rest.set_name("smart_lamp");

  // Set up CC3000 and get connected to the wireless network.
  if (!cc3000.begin())
  {
    while(1);
  }

  if (!cc3000.connectToAP(WLAN_SSID, WLAN_PASS, WLAN_SECURITY)) {
    while(1);
  }
  while (!cc3000.checkDHCP())
  {
    delay(100);
  }

  // Start multicast DNS responder
  if (!mdns.begin("arduino", cc3000)) {
    while(1);
  }

  // Display connection details
  displayConnectionDetails();
```

```
  // Start server
  restServer.begin();
  Serial.println(F("Listening for connections..."));
}

void loop() {

  // Measure light level
  float sensor_reading = analogRead(A0);
  light = (int)(sensor_reading/1024*100);

  // Perform power measurement
  float sensor_value = getSensorValue(A1);

  // Convert to current
  amplitude_current = (float)(sensor_value-zero_sensor)/1024*5/185*
  1000000;
  effective_value = amplitude_current/1.414;
  effective_power = abs(effective_value*effective_voltage/1000);
  power = (int)effective_power;

  // Handle any multicast DNS requests
  mdns.update();

  // Handle REST calls
  Adafruit_CC3000_ClientRef client = restServer.available();
  rest.handle(client);
}

bool displayConnectionDetails(void)
{
  uint32_t ipAddress, netmask, gateway, dhcpserv, dnsserv;

  if(!cc3000.getIPAddress(&ipAddress, &netmask, &gateway, &dhcpserv,
  &dnsserv))
  {
    Serial.println(F("Unable to retrieve the IP Address!\r\n"));
    return false;
  }
```

```
      else
      {
        Serial.print(F("\nIP Addr: ")); cc3000.printIPdotsRev(ipAddress);
        Serial.print(F("\nNetmask: ")); cc3000.printIPdotsRev(netmask);
        Serial.print(F("\nGateway: ")); cc3000.printIPdotsRev(gateway);
        Serial.print(F("\nDHCPsrv: ")); cc3000.printIPdotsRev(dhcpserv);
        Serial.print(F("\nDNSserv: ")); cc3000.printIPdotsRev(dnsserv);
        Serial.println();
        return true;
      }
    }

    // Get the reading from the current sensor
    float getSensorValue(int pin)
    {
      int sensorValue;
      float avgSensor = 0;
      int nb_measurements = 100;
      for (int i = 0; i < nb_measurements; i++) {
        sensorValue = analogRead(pin);
        avgSensor = avgSensor + float(sensorValue);
      }
      avgSensor = avgSensor/float(nb_measurements);
      return avgSensor;
    }
```

시작 부분에서는 다음과 같이 라이브러리들을 포함시킨다.

```
#include <Adafruit_CC3000.h>
#include <SPI.h>
#include <CC3000_MDNS.h>
#include <aREST.h>
```

그리고 릴레이 모듈이 연결된 핀을 다음과 같이 선언한다.

```
const int relay_pin = 8;
```

또한 전력 소모 측정을 위한 몇 개의 변수를 선언한다.

```
float amplitude_current;
float effective_value;
float effective_voltage = 230; // Set voltage to 230V (Europe) or 110V (US)
float effective_power;
float zero_sensor;
```

다음으로 WiFi 연결을 통해 들어오는 요청을 처리하기 위해 필요한 aREST 객체의 인스턴스를 생성한다.

```
aREST rest = aREST();
```

또한 WiFi 칩의 기본 서비스 포트를 정의해야 한다. 편의를 위해 포트 80을 사용하자. 그러면 웹브라우저에서 직접 아두이노 보드에 명령을 내릴 수 있을 것이다.

```
#define LISTEN_PORT 80
```

CC3000 서버의 인스턴스 역시 생성해야 한다.

```
Adafruit_CC3000_Server restServer(LISTEN_PORT);
```

아두이노 보드의 IP 주소를 치지 않고도 보드에 접속하기 위해서는 MDNS 서버의 인스턴스도 생성해야 한다.

```
MDNSResponder mdns;
```

마지막으로 전력 소모량과 조도의 측정값을 담기 위한 두 개의 변수를 선언한다.

```
int power;
int light;
```

이제 이 스케치의 setup() 함수에서 첫 번째로 할 일은 외부에서 WiFi로 두 개의 측정값 변수에 접근하기 위해 이 두 변수를 REST API로 노출시키는 일이다.

```
rest.variable("light",&light);
rest.variable("power",&power);
```

그리고 릴레이 핀은 출력 모드로 선언한다.

```
pinMode(relay_pin,OUTPUT);
```

또한 전류 센서의 측정값에서 평균을 구하는 함수를 사용해서 전류가 흐르지 않는 상태에서의 센서 값을 변수에 저장한다.

```
zero_sensor = getSensorValue(A1);
```

장치의 이름과 ID를 설정하면 aREST API를 통해 보드를 호출할 때마다
해당 값이 반환될 것이다.

```
rest.set_id("001");
rest.set_name("smart_lamp");
```

이 단계를 마치고 나면 네트워크상에서의 아두이노 보드의 이름을 설정해
야 한다. 예를 들어 "arduino"와 같이 설정하면, 로컬 네트워크상에서
arduino.local이라는 이름으로 이 보드에 접속할 수 있게 된다.

```
if (!mdns.begin("arduino", cc3000)) {
    while(1);
}
```

setup( ) 함수에서 마지막으로 할 일은 CC3000 서버를 가동시키고 연결
대기 상태로 진입하는 것이다.

```
restServer.begin();
Serial.println(F("Listening for connections..."));
```

이 스케치의 loop( ) 함수에서는 우선 주변 조도의 값을 읽고 % 단위로
변환한다.

```
float sensor_reading = analogRead(A0);
light = (int)(sensor_reading/1024*100);
```

다음으로는 전류 센서의 값을 수차례 읽어서 평균 함수를 통해 그 평균값을 구한다.

```
float sensor_value = getSensorValue(A1);
```

다음으로 전류 측정 평균값을 가지고 전력 소모량을 계산한다.

```
amplitude_current = (float)(sensor_value-zero_sensor)/1024*5/185*
1000000;
effective_value = amplitude_current/1.414;
effective_power = abs(effective_value*effective_voltage/1000);
power = (int)effective_power;
```

여기까지 하고 나면 MDNS 서버를 업데이트한다.

```
mdns.update();
```

그리고 aREST 라이브러리를 사용하여 들어오는 연결을 처리한다.

```
Adafruit_CC3000_ClientRef client = restServer.available();
rest.handle(client);
```

이 장에 사용되는 모든 코드는 이 책의 GitHub 저장소에서 찾을 수 있으며 그 주소는 다음과 같다.

https://github.com/openhomeautomation/home-automation-arduino

이제 이 스케치를 가지고 이 프로젝트의 전체 시스템을 테스트할 때가 왔다. GitHub 저장소에서 코드를 다운로드하고, 각자의 환경에 맞게 WiFi 네트워크의 이름과 비밀번호를 수정하자. 그리고 코드를 아두이노 보드에 업로드하고 시리얼 모니터를 열면 다음과 같은 로그를 볼 수 있을 것이다.

```
Listening for connections...
```

시리얼 모니터를 닫고 웹브라우저를 열어보자. 이제 보드에서 구동되고 있는 REST API를 직접 호출해서 아두이노 보드의 핀을 제어할 수 있을 것이다. 예를 들어, 램프를 켜기 위해서는 브라우저의 주소 창에 다음과 같이 치기만 하면 된다.

```
http://arduino.local/digital/8/1
```

릴레이의 스위치가 움직이는 소리와 함께 램프가 켜지고, 브라우저에서는 다음과 같은 확인 메시지를 볼 수 있을 것이다.

```
Pin D8 set to 1
```

램프를 *끄기* 위해서는 다음과 같이 입력하면 된다.

```
http://arduino.local/digital/8/0
```

아두이노 보드와 같은 로컬 네트워크에 연결된 장치라면 어디에서나 위 명령을 사용하여 제어가 가능하다. 예를 들어, 스마트폰이 같은 로컬 네트워크상에 있다면 동일한 방식으로 그 스마트폰에서도 아두이노를 제어할 수 있다.

여기까지 작동시키는 데 문제가 있다면 우선 해볼 수 있는 것은 arduino. local 대신에 보드의 IP 주소를 입력하는 것이다. 아두이노를 리셋하면 시리얼 모니터에 나타나는 메시지를 통해 IP 주소를 확인할 수 있다.

그래도 아직 문제가 있다면 몇 가지를 점검해보아야 한다. 우선 이 장의 앞부분에서처럼 모든 하드웨어 부품들이 올바르게 연결되어 있는지 확인해야 한다. 그 후에는 이 프로젝트에 필요한 라이브러리, 특히 aREST 라이브러리를 다운로드하고 설치했는지 확인해보자.

6.5 스마트 조명 제어 인터페이스 개발

이제 자신의 컴퓨터에서 이 시스템을 제어하기 위한 인터페이스를 만들어볼 것이다. 이 인터페이스가 있으면 WiFi를 통한 램프 제어뿐 아니라 램프의 전력 소모량과 포토셀이 측정한 주변 조도를 실시간으로 확인하는 것도 가능하다.

여기에서 다룰 내용은 앞 장에서 만든 인터페이스와 유사하기 때문에 자신이 있다면 코드 검토의 초반부는 넘어가도 무방하다.

이 책에서 개발한 다른 인터페이스와 마찬가지로 이 인터페이스도

Node.js 기반으로 개발할 것이다. 우선 뒤에 터미널에서 노드 명령을 사용하기 위해 구동시킬 메인 파일인 app.js를 먼저 코딩한다. 이 파일의 전체 코드는 다음과 같다.

```javascript
// Module
var express = require('express');
var path = require('path');
var arest = require('arest');

// Create app
var app = express();
var port = 3700;

// Set views
app.use(express.static(path.join(__dirname, 'public')));
app.use(express.static(path.join(__dirname, 'views')));

// Serve files
app.get('/interface', function(req, res){
  res.sendfile('views/interface.html')
});

// API access
app.get("/send", function(req, res){
  arest.send(req,res);
});

// Start server
app.listen(port);
console.log("Listening on port " + port);
```

시작 부분에서는 우선 필요한 모듈을 임포트한다.

```
var express = require('express');
var path = require('path');
var arest = require('arest');
```

그리고 나서 express 프레임웍을 기반으로 app을 생성하고, port는
3700으로 설정한다.

```
var app = express();
var port = 3700;
```

뒤에 코딩할 그래픽 인터페이스를 가져올 위치, 그리고 인터페이스 코드
의 위치를 명시하는 것도 잊지 말아야 한다.

```
app.use(express.static(path.join(__dirname, 'public')));
app.use(express.static(path.join(__dirname, 'views')));
```

이제 서버에 두 개의 경로를 생성해야 한다. 첫 번째는 인터페이스 자체에
대한 것으로, 이 프로젝트의 그래픽 인터페이스에 접근하기 위해 사용할
URL이다. 경로를 정의하기 위해 /interface URL을 그에 대항하는
HTML 파일에 연결하자.

```
app.get('/interface', function(req, res){
  res.sendfile('views/interface.html')
});
```

아두이노 보드에 명령을 전송하기 위해 사용할 URL도 정의해야 한다. 이

를 위해 /send URL을 그에 해당하는 aREST Node.js 모듈 내의 함수에
연결해야 한다.

```
app.get("/send", function(req, res){
  arest.send(req,res);
});
```

app.js 파일 내에서 마지막으로 할 작업은 앞에서 정의한 port로 app을
시작하고 콘솔에 메시지를 쓰는 것이다.

```
app.listen(port);
console.log("Listening on port " + port);
```

여기까지가 메인 서버 파일에 대한 내용이었다면 다음으로는 인터페이스
자체를 구축할 것이다. 우선 HTML 파일의 내용을 살펴보자. 이 파일은
프로젝트의 /view 폴더 내에 있으며, 그 전체 코드는 다음과 같다.

```
<head>

<LINK href="/css/interface.css" rel="stylesheet" type="text/css" />
<LINK href="/css/flat-ui.css" rel="stylesheet" type="text/css" />
<script type="text/javascript" src="/js/jquery-2.0.3.min.js"></script>
<script type="text/javascript" src="/js/interface.js"></script>
<script type="text/javascript" src="/js/arest.js"></script>

</head>

<body>

<div class="mainContainer">
```

```
<div class="title">Smart Lamp</div>
<div class="buttonBlock"><span class="buttonTitle">Lamp Control</span>
<button class="btn btn-block btn-lg btn-primary"
type="button" id="1" onClick="buttonClick(this.id)">On</button>
<button class="btn btn-block btn-lg btn-danger"
type="button" id="2" onClick="buttonClick(this.id)">Off</button>

<div class="display" id="powerDisplay">Power: </div>
<div class="display" id="lightDisplay">Light level: </div>
<div class="status" id="status">Offline</div>

</div>

</div>
</body>
```

이 파일의 시작 부분에서는 인터페이스상에서 클릭을 처리하고 아두이노
보드로 올바른 명령을 전송하기 위한 몇 개의 자바스크립트 파일을 임포트
한다.

```
<script type="text/javascript" src="/js/jquery-2.0.3.min.js"></script>
<script type="text/javascript" src="/js/interface.js"></script>
<script type="text/javascript" src="/js/arest.js"></script>
```

또한 인터페이스의 그럴싸한 외관을 위해 몇 개의 css 파일을 포함시킨다.

```
<LINK href="/css/interface.css" rel="stylesheet" type="text/css" />
<LINK href="/css/flat-ui.css" rel="stylesheet" type="text/css" />
```

다음으로 두 개의 버튼을 생성해야 한다. 하나는 릴레이를 켜서 램프를

켜기 위한 버튼이고, 다른 하나는 다시 램프를 끄기 위한 버튼이다. 다음의 코드가 'On' 버튼을 위한 코드이다.

```html
<button class="btn btn-block btn-lg btn-primary"
type="button" id="1" onClick="buttonClick(this.id)">On</button>
```

버튼을 클릭하면 또 다른 함수가 호출되는 것을 볼 수 있다. 잠시 후에 프로젝트 내의 다른 자바스크립트 파일에서 이 함수를 정의할 것이다.

마지막으로, 전력 소모량이나 조도와 같이 아두이노에서 얻은 측정값을 표시하기 위한 문자 필드를 생성해야 한다. 또한 시스템이 작동 중인지 확인하기 위한 인디케이터도 하나 생성할 것이다.

```html
<div class="display" id="powerDisplay">Power: </div>
<div class="display" id="lightDisplay">Light level: </div>
<div class="status" id="status">Offline</div>
```

이제 프로젝트의 public/js 폴더 내에 위치한 interface.js 파일의 내용을 살펴보자. 전체 코드는 다음과 같다.

```javascript
// Hardware parameters
type = 'wifi';
address = 'arduino.local';

setInterval(function() {

  // Update light level
  json_data = send(type, address, '/light');
  $("#lightDisplay").html("Light level: " + json_data.light + "%");
```

```
  // Update status
  if (json_data.connected == 1){
    $("#status").html("Lamp Online");
    $("#status").css("color","green");
  }
  else {
    $("#status").html("Lamp Offline");
    $("#status").css("color","red");
  }

  // Update power
  json_data = send(type, address, '/power');
  $("#powerDisplay").html("Power: " + json_data.power + "W");

}, 5000);

// Function to control the Lamp
function buttonClick(clicked_id){

  if (clicked_id == "1"){
    send(type, address, "/digital/8/1");
  }

  if (clicked_id == "2"){
    send(type, address, "/digital/8/0");
  }

}
```

첫 번째로 할 일은 Node.js 서버와 아두이노 보드 사이의 통신 형태(여기에서는 WiFi)와 보드의 주소를 정의하는 일이다. 책의 GitHub 저장소에서 가져온 코드를 사용하고 있다면 이 부분은 수정하지 않아도 된다. 만약 앞 절에서 보드에 접속하는 데에 문제가 있어서 보드의 IP 주소를 직접 입력하거나 다른 이름을 사용하고 있다면 'arduino.local'에 해당하는 부분을 수정해야 한다.

```
type = 'wifi';
address = 'arduino.local';
```

다음으로 인터페이스 내의 버튼을 클릭하면 트리거되는 함수인 buttonClick
을 정의할 것이다. 버튼은 각각의 ID를 가지고 있으며, 어떤 버튼이 클릭
되느냐에 따라 아두이노에 서로 다른 명령을 전송할 것이다. 이 함수의
전체 코드는 다음과 같다.

```
function buttonClick(clicked_id){

  if (clicked_id == "1"){
    send(type, address, "/digital/8/1");
  }

  if (clicked_id == "2"){
    send(type, address, "/digital/8/0");
  }
}
```

보드의 측정값으로 인터페이스를 업데이트하기 위한 코드도 필요하다. 이
를 위해 자바스크립트의 setInterval 함수를 이용하여 일정한 시간 간격
으로 보드에 측정값에 대한 쿼리를 보낼 것이다.

```
setInterval(function() {
```

보드로부터 데이터를 가져오기 위해 사용하는 함수는 앞에서와 동일하다.
예를 들어, 조도 측정값을 가져오기 위해서는 /light 명령을 사용한다.
하지만 이번에는 데이터를 변수에 저장하고, 그에 해당하는 인터페이스의

요소를 업데이트할 것이다.

```
json_data = send(type, address, '/light');
$("#lightDisplay").html("Light level: " + json_data.light + "%");
```

JSON 데이터에는 보드의 상태에 대한 정보도 포함되어 있다. 만약 "connected" 필드가 1의 값을 가진다면, 상태 인디케이터를 온라인으로 설정하고 색깔을 'green'으로 설정한다. 만약 "connected" 필드가 1이 아닌, 즉 데이터가 없거나 손상된 상태라면 인디케이터를 오프라인으로 설정하고 색깔을 'red'로 설정한다.

```
if (json_data.connected == 1){
   $("#status").html("Lamp Online");
   $("#status").css("color","green");
}
else {
   $("#status").html("Lamp Offline");
   $("#status").css("color","red");
}
```

전력 소모량에 대해서도 동일하게 처리한다.

```
json_data = send(type, address, '/power');
$("#powerDisplay").html("Power: " + json_data.power + "W");
```

마지막으로, 이 동작을 5초마다 한 번씩 반복한다. 그리고 여기에서 측정 값에 따라 램프의 동작을 제어하는 자신만의 함수를 정의하는 것이 가능하다. 예를 들어, 주변 조도 측정값이 주어진 값을 넘어서면 자동으로 램프가 꺼지도록 할 수 있을 것이다.

참고로 이 장에 사용되는 모든 코드는 이 책의 GitHub 저장소에서 찾을 수 있으며, 그 주소는 다음과 같다.

https://github.com/openhomeautomation/home-automation-arduino

이제 인터페이스를 테스트해보자. GitHub 저장소에서 파일을 전부 다운로드했고, 코드 내에서 아두이노 보드 주소와 같은 값을 각자의 데이터에 맞게 업데이트했는지 확인하자. 또한 앞부분에서 다룬 아두이노 코드가 아두이노 보드에 프로그램되어 있도록 한다.

점검이 끝나고 나면 터미널을 통해 인터페이스의 폴더에 진입하고 다음 명령을 쳐서 aREST 모듈을 설치한다.

```
sudo npm install arest
```

윈도우 환경에서 작업 중이라면 명령어 앞의 sudo를 빼야 하며, Node.js 명령 프롬프트를 사용하는 것이 좋다.

또한 node-serialport 모듈 역시 설치해야 한다.

```
sudo npm install serialport
```

만약 라즈베리 파이를 사용하고 있다면 다음과 같이 이 모듈의 구 버전을 사용해야 한다.

```
sudo npm install serialport@1.4.2
```

그리고 express 모듈을 설치하기 위해 다음 명령을 입력하자.

```
sudo npm install express
```

마지막으로, 다음과 같이 입력해서 Node.js 서버를 시작하자.

```
sudo node app.js
```

서버를 시작하면 터미널에 다음 메시지가 나타나야 한다.

```
Listening on port 3700
```

이제 웹브라우저에서 다음 주소를 입력하자.

```
localhost:3700/interface
```

이제 브라우저 안에 램프를 제어하기 위한 버튼이 달린 인터페이스가 나타날 것이다. 처음에 인터페이스를 열었을 때 램프가 오프라인으로 나타나고 인디케이터에 아무런 데이터가 나타나지 않더라도 걱정하지 말자. 5초가 지나면 인터페이스가 아두이노 보드에 쿼리를 던질 것이고, 그에 따라 데이터를 업데이트할 것이다.

Smart Lamp

Lamp Control [On] [Off]

Power: 0W

Light level: 76%

Lamp Online

이제 인터페이스의 버튼을 테스트할 수 있다. 램프는 기본적으로 꺼진 상태이기 때문에, 'On' 버튼을 클릭해서 바로 램프를 켤 수 있을 것이다. 이때 릴레이에서 딸각거리는 소리가 들릴 것이다. 램프가 켜지면, 인터페이스상에 전력 소모 디스플레이가 업데이트되는 것이 나타날 것이다. 'Off' 버튼을 누르면 다시 램프를 끌 수 있다.

인터페이스의 자바스크립트 파일에서 자동 제어 코드, 이를테면 조도가 일정한 값에 도달하면 램프를 자동으로 끄는 기능과 같은 코드를 정의했다면, 이 시점에서 그 코드의 기능도 테스트해보는 것이 좋다.

이 시점에서 시스템이 올바르게 작동하지 않는다면 몇 가지 확인해봐야 할 사항이 있다. 우선, 책의 GitHub 저장소에서 가장 최신 버전의 코드를 다운로드한 것이 맞는지 확인한다. 그리고 WiFi 모듈의 주소와 같이 각자의 환경에 맞게 수정해야 하는 설정 값을 올바르게 고쳤는지 확인한다. 마지막으로, 웹 인터페이스를 시작하기 전에 그에 필요한 Node.js 모듈을 npm으로 설치하였는지 확인한다.

6.6 향후 해볼 만한 것

⌁ 이 프로젝트에서 배운 내용을 요약해보자. 여기에서 만든 시스템은 3장에서 만든 시스템을 가져와서 거기에 WiFi 기능을 덧붙인 것이다. 이 과정에서 아두이노와 WiFi 칩 사이에 인터페이스를 만드는 법을 배웠고, 웹브라우저를 통해 시스템을 제어하는 방법도 알아보았다. 그 결과 브라우저를 통해 무선으로 램프를 제어하고 여러 가지 설정 값을 읽어올 수 있었다. 마지막으로, 컴퓨터상에서 돌아가는 소프트웨어를 설계해서 웹브라우저 내의 그래픽 인터페이스로 전체 시스템을 제어할 수 있게 하였다.

이 프로젝트에도 개선과 확장이 가능한 여지가 많이 있다. 아두이노 보드에 센서를 추가하면 무선으로 얻어올 수 있는 측정값의 종류가 더 많아질 것이다. 예를 들어, 온도 센서를 추가하면 그래픽 인터페이스에 온도 데이터를 함께 표시할 수 있다. 램프를 하나 더 추가해서 두 개의 램프를 독립적으로 제어할 수도 있을 것이다.

컴퓨터상에서 돌아가는 코드, 즉 자바스크립트 파일 내의 코드를 수정해서 램프의 작동을 더 복잡한 수준으로 정의할 수도 있다. 조도 측정값에 따라 램프를 제어하는 정도가 아니라, 컴퓨터가 웹에 연결되어 있다는 사실 자체를 이용해서 복잡한 제어를 할 수 있는 것이다. 예를 들어, 저녁이 되어 정해진 시간이 되면 자동으로 램프를 끄고, 아침에 기상 시간이 되면 램프를 켜는 것과 같은 제어가 가능하다.

마지막으로, 집 안에 이러한 시스템을 여러 개 설치할 수도 있다. 아두이노 보드 각각에 서로 다른 이름을 할당하고 그래픽 인터페이스에 해당 요소를 추가하기만 하면 된다. 여기에 다른 방식의 제어와 그에 해당하는 버튼을 추가할 수도 있다. 이를테면, 클릭 한 번으로 자동으로 집 안의 모든 램프를 끌 수 있는 버튼과 같이 말이다.

Chapter 07
홈 오토메이션 시스템 개발

07

홈 오토메이션 시스템 개발

이제 이 책의 마지막 장이다. 여기에서는 앞에서 배운 내용을 바탕으로 해서 작은 홈 오토메이션 시스템을 만들 것이다. 이 시스템은 XBee 모션 센서와 WiFi로 제어하는 램프를 통합할 것이다. 모든 구성 요소는 중앙 인터페이스에서 제어하게 될 것이다.

우선 해야 할 일은 이 홈 오토메이션 시스템의 요구사항을 파악하는 일이다. 그리고 나면 몇 가지의 모듈을 만들 것이다. 각각의 모듈을 빠르게 테스트한 뒤, 컴퓨터에서 전체 세스템을 모니터링하기 위한 인터페이스를 만들 것이다. 마지막으로, 시스템을 확장하고 개선해서 더 복잡한 홈 오토메이션 시스템을 만들기 위한 방법을 설명할 예정이다.

7.1 하드웨어 & 소프트웨어 요구사항

이 장에서 필요한 것이 무엇인지 확인해보자. 기본적으로는 주어진 숫자만큼의 XBee 동작 센서를 만들어야 하고, WiFi 램프 컨트롤러를 하나 만들어야 한다. 다음의 목록은 하나의 XBee 모션 센서를 만드는 데 필요한 전체 부품과 그 온라인 구매 링크이다.

- 아두이노 우노(http://www.adafruit.com/product/50)
- PIR 모션 센서(https://www.adafruit.com/products/189)
- 아두이노 XBee 쉴드(https://www.sparkfun.com/products/10854)
- XBee 시리즈 1 모듈(https://www.sparkfun.com/products/11215)
- 점퍼선(http://www.adafruit.com/product/758)

컴퓨터에서 XBee를 사용하기 위해서는 다음의 부품도 필요하다.

- USB XBee 익스플로러 보드(https://www.sparkfun.com/products/11812)
- XBee 시리즈 1 모듈(https://www.sparkfun.com/products/11215)

WiFi 램프 컨트롤러를 위해서는 아래 부품들이 필요하다.

- 아두이노 우노(http://www.adafruit.com/product/50)
- 릴레이 모듈(http://www.pololu.com/product/2480)
- 전류 센서(http://imall.iteadstudio.com/im120710011.html)
- 포토셀(http://www.adafruit.com/product/161)
- 10KΩ 저항(https://www.sparkfun.com/products/8374)
- CC3000 WiFi 개발 보드(http://www.adafruit.com/products/1469)
- 브레드보드(http://www.adafruit.com/product/64)
- 점퍼선(http://www.adafruit.com/product/758)

이 프로젝트에 필요한 소프트웨어는 최신 버전의 아두이노 IDE, 그리고 아두이노를 위한 aREST 라이브러리로, 해당 라이브러리는 다음의 링크에서 찾을 수 있다.

https://github.com/marcoschwartz/aREST

CC3000 칩 라이브러리도 이 프로젝트에 필요하다. 링크는 다음과 같다.

https://github.com/adafruit/Adafruit_CC3000_Library

그리고 CC3000 mDNS 라이브러리가 필요하다. 링크는 다음과 같다.

https://github.com/adafruit/CC3000_MDNS

다운로드한 라이브러리를 설치하기 위해서는 각자의 Arduino/libraries 폴더에 압축을 풀기만 하면 된다. 폴더가 없다면 새로 생성하면 된다.

7.2 프로젝트 개발하기

이제부터 홈 오토메이션 시스템을 위한 몇 가지 모듈을 구축해볼 것이다. 앞서 여러 프로젝트에서의 진행 방식처럼 여기에서도 하드웨어 조립 방법에 대한 전체적인 안내를 먼저 시작할 것이다.

XBee 모션 센서에 대해서는 4장의 내용을 참조하자. 완성된 하드웨어의 모습은 다음과 같다.

WiFi 램프 컨트롤러에 대해서는 6장을 참조하자. 완성된 하드웨어의 모습은 다음과 같다.

7.3 홈 오토메이션 모듈들 테스트하기

이제 하나의 XBee 모션 센서와 WiFi 램프 컨트롤러를 테스트해보자. 이미 앞 장에서 각각의 모듈이 어떻게 작동하는지 확인했기 때문에, 여기에서는 곧바로 무선으로 제어하는 방법을 테스트해볼 것이다.

우선 XBee 모션 센서를 위한 코드는 다음과 같다.

```
// Code for the XBee motion sensor

// Libraries
#include <SPI.h>
#include <aREST.h>

// Motion sensor ID
String xbee_id = "1";

// Create ArduREST instance
aREST rest = aREST();

void setup() {

  // Start Serial
  Serial.begin(9600);

  // Give name and ID to device
  rest.set_id(xbee_id);
  rest.set_name("motion_sensor");
}

void loop() {

  // Handle REST calls
  rest.handle(Serial);

}
```

이 스케치의 시작 부분에서는 필요한 라이브러리를 포함시킨다.

```
#include <SPI.h>
#include <aREST.h>
```

그리고 센서의 ID를 정의한다. 특히 집 안에 여러 개의 모션 센서가 있다면 각각의 센서에 서로 다른 ID를 할당하는 방법이 매우 유용할 것이다.

```
String xbee_id = "1";
```

다음으로 aREST 라이브러리의 인스턴스를 생성한다.

```
aREST rest = aREST();
```

이 스케치의 setup( ) 함수에서는 시리얼 포트를 먼저 시작한다. XBee 모듈은 기본 속도가 9600이므로, 이 속도를 명시하는 것이 상당히 중요하다는 점을 알아두자.

```
Serial.begin(9600);
```

그리고 앞에서 정의한 장치의 ID를 aREST 라이브러리 함수로 설정한다.

```
rest.set_id(xbee_id);
```

마지막으로, 이 스케치의 loop( ) 함수에서는 시리얼 포트에서 들어오는 요청을 aREST 라이브러리를 사용해서 간단하게 처리한다.

```
rest.handle(Serial);
```

이제 스케치를 테스트할 순서이다. 스케치를 아두이노 보드에 업로드하고 XBee 쉴드의 스위치를 'UART'로 옮기면 XBee 모듈이 시리얼 포트를 통해 아두이노 마이크로컨트롤러와 직접 통신하게 된다. 만약 아두이노 보드에 스케치를 다시 업로드해야 한다면 그때는 스위치를 'DLINE'으로 옮겨야 한다.

다음으로 시리얼 포트를 컴퓨터에 연결된 XBee 익스플로러 보드의 시리얼 포트로 설정해야 한다. 아두이노 IDE의 Tools〉Serial Port(도구〉시리얼 포트) 메뉴에서 찾을 수 있다. 저자의 경우 '/dev/cu.usbserial-A702LF8B'와 같은 이름을 가지고 있었다. 뒤에 모션 센서를 위한 인터페이스를 짤 때 사용하기 위해 이 이름을 적어서 기록해두자.

이제 아두이노 IDE의 시리얼 모니터를 열고 속도를 9600으로 설정하자. XBee 익스플로러 보드에 연결된 상태이기 때문에, 여기에서 보내는 명령은 집 안의 XBee 모듈로 전송될 것이다.

시리얼 모니터에서 다음과 같이 입력하자.

```
/id
```

이 명령은 집 안의 모든 XBee 보드의 ID를 쿼리한다. 저자는 집에 하나의 모듈만을 가진 상태에서 테스트했고, 그 결과는 다음과 같다.

```
{"id": "1", "name": "", "connected": true}
```

이 단계를 마쳤다면, 모션 센서의 상태를 읽어볼 차례이다. 8번 핀에 연결했다는 사실을 기억하자. 이 핀에서 값을 읽기 위해서는 다음과 같이 입력한다.

```
/digital/8
```

센서는 다음과 같은 메시지로 응답할 것이다.

```
{"return_value": 1, "id": "1", "name": "", "connected": true}
```

만약 이 시점에서 센서가 쿼리에 응답한다면, 센서의 작동과 센서에의 무선 접속에 문제가 없다는 의미이다. XBee 모듈이 모두 동일한 PAN ID를 가지도록 설정하는 것을 잊지 말자. 이에 대한 내용을 4장을 참조하자.

이제 WiFi 램프 컨트롤러를 테스트해보자. 이 모듈의 코드는 다음과 같다.

```
// Demo of the aREST library with the CC3000 WiFi chip

// Import required libraries
#include <Adafruit_CC3000.h>
#include <SPI.h>
#include <CC3000_MDNS.h>
#include <aREST.h>

// These are the pins for the CC3000 chip if you are using a breakout
board
```

```
#define ADAFRUIT_CC3000_IRQ 3
#define ADAFRUIT_CC3000_VBAT 5
#define ADAFRUIT_CC3000_CS 10

// Create CC3000 instance
Adafruit_CC3000 cc3000 = Adafruit_CC3000(ADAFRUIT_CC3000_CS,
ADAFRUIT_CC3000_IRQ, ADAFRUIT_CC3000_VBAT,SPI_CLOCK_DIV2);

// Create ArduREST instance
aREST rest = aREST();

// Your WiFi SSID and password
#define WLAN_SSID "yourSSID"
#define WLAN_PASS "yourPassword"
#define WLAN_SECURITY WLAN_SEC_WPA2

// The port to listen for incoming TCP connections
#define LISTEN_PORT 80

// Server instance
Adafruit_CC3000_Server restServer(LISTEN_PORT);

// DNS responder instance
MDNSResponder mdns;

void setup(void)
{
  // Start Serial
  Serial.begin(115200);

  // Give name and ID to device
  rest.set_id("2");
  rest.set_name("relay_module");

  // Set up CC3000 and get connected to the wireless network.
  if (!cc3000.begin())
  {
    while(1);
  }
```

```
    if (!cc3000.connectToAP(WLAN_SSID, WLAN_PASS, WLAN_SECURITY)) {
      while(1);
    }
    while (!cc3000.checkDHCP())
    {
      delay(100);
    }

    // Start multicast DNS responder
    if (!mdns.begin("arduino", cc3000)) {
      while(1);
    }

    // Start server
    restServer.begin();
    Serial.println(F("Listening for connections..."));

    // Init DHT sensor & output pin
    pinMode(7,OUTPUT);
}

void loop() {

  // Handle any multicast DNS requests
  mdns.update();

  // Handle REST calls
  Adafruit_CC3000_ClientRef client = restServer.available();
  rest.handle(client);

}
```

램프 컨트롤러를 사용할 때 램프를 켜고 끄기 위해서는 릴레이만을 사용할
뿐 다른 센서를 사용해서 제어하지는 않는다. 하지만 뒤에 중앙 인터페이
스를 사용해서 나중에 이들을 통합하는 것은 좋은 연습이 될 것이다. 이
코드의 시작 부분에서는 필요한 라이브러리들을 포함시킨다.

```
#include <Adafruit_CC3000.h>
#include <SPI.h>
#include <CC3000_MDNS.h>
#include <aREST.h>
```

그리고 릴레이 모듈이 연결된 핀 번호를 선언한다.

```
const int relay_pin = 8;
```

다음으로 WiFi 연결을 통해 들어오는 요청을 처리하기 위해 필요한 aREST 객체의 인스턴스를 생성한다.

```
aREST rest = aREST();
```

또한 WiFi 칩의 기본 서비스 포트를 정의해야 한다. 편의를 위해 포트 80을 사용하자. 그러면 웹브라우저에서 직접 아두이노 보드에 명령을 내릴 수 있다.

```
#define LISTEN_PORT 80
```

CC3000 서버의 인스턴스 역시 생성해야 한다.

```
Adafruit_CC3000_Server restServer(LISTEN_PORT);
```

아두이노 보드의 IP 주소를 치지 않고도 보드에 접속하기 위해서는

MDNS 서버의 인스턴스도 생성해야 한다.

```
MDNSResponder mdns;
```

이제 스케치의 setup( ) 함수로 들어가서, 릴레이에 해당하는 핀을 출력
모드로 설정한다.

```
pinMode(relay_pin,OUTPUT);
```

장치의 이름과 ID를 설정하면, aREST API를 통해 보드를 호출할 때마다
해당 값이 반환될 것이다.

```
rest.set_id("2");
rest.set_name("relay_module");
```

이 단계를 마치고 나면 네트워크상에서의 아두이노 보드의 이름을 설정해
야 한다. 예를 들어 'arduino'와 같이 설정하면, 로컬 네트워크상에서
arduino.local이라는 이름으로 이 보드에 접속할 수 있다.

```
if (!mdns.begin("arduino", cc3000)) {
  while(1);
}
```

setup( ) 함수에서 마지막으로 할 일은 CC3000 서버를 가동시키고 연결
대기 상태로 진입하는 것이다.

```
restServer.begin();
Serial.println(F("Listening for connections..."));
```

이 스케치의 loop( ) 함수에서는 우선 MDNS 서버를 업데이트한다.

```
mdns.update();
```

그리고 aREST 라이브러리를 사용하여 들어오는 연결을 처리한다.

```
Adafruit_CC3000_ClientRef client = restServer.available();
rest.handle(client);
```

이제 이 스케치를 가지고 이 프로젝트의 전체 시스템을 테스트할 때가 왔
다. GitHub 저장소에서 코드를 다운로드하고, 각자의 환경에 맞게 WiFi
네트워크의 이름과 비밀번호를 수정하자. 그리고 코드를 아두이노 보드에
업로드하고 시리얼 모니터를 열면 다음과 같은 로그를 볼 수 있을 것이다.

```
Listening for connections...
```

시리얼 모니터를 닫고 웹브라우저를 열어보자. 이제 보드에서 구동되고
있는 REST API를 직접 호출해서 아두이노 보드의 핀을 제어할 수 있다.
예를 들어, 램프를 켜기 위해서는 브라우저의 주소 창에 다음과 같이 치기
만 하면 된다.

```
http://arduino.local/digital/8/1
```

릴레이의 스위치가 움직이는 소리와 함께 램프가 켜지고, 브라우저에서는
다음과 같은 확인 메시지를 볼 수 있다.

```
Pin D8 set to 1
```

램프를 끄기 위해서는 다음과 같이 입력한다.

```
http://arduino.local/digital/8/0
```

이 절에 사용되는 모든 코드는 이 책의 GitHub 저장소에서 찾을 수 있으
며 그 주소는 다음과 같다.

  https://github.com/openhomeautomation/home-automation-arduino

7.4 　중앙 제어 인터페이스 개발하기

·················◀ 이제 컴퓨터를 통해 홈 오토메이션 시스템 전체를 제어하기
위한 인터페이스를 만들어보자. 이 인터페이스를 통해 하나의 웹 페이지
에서 WiFi로 램프를 제어하고, XBee 모션 센서의 측정값을 읽을 수 있을
것이다.

여기에서 다룰 내용은 앞 장에서 작업했던 인터페이스의 내용과 유사하기

때문에 자신이 있는 독자라면 코드 검토의 초반부는 건너 뛰어도 괜찮다.

이 책에서 개발한 다른 인터페이스와 마찬가지로, 여기에서도 Node.js 기반으로 인터페이스를 개발할 것이다. 우선 뒤에 터미널에서 노드 명령을 사용하기 위해 돌릴 메인 파일을 app.js라는 이름으로 코딩할 것이다. 다음은 이 파일의 전체 코드이다.

```javascript
// Module
var express = require('express');
var path = require('path');
var arest = require('arest');

// Create app
var app = express();
var port = 3700;

// Set views
app.use(express.static(path.join(__dirname, 'public')));
app.use(express.static(path.join(__dirname, 'views')));

// Serve files
app.get('/interface', function(req, res){
  res.sendfile('views/interface.html')
});

// API access
app.get("/send", function(req, res){
  arest.send(req,res);
});

// Start server
app.listen(port);
console.log("Listening on port " + port);
```

이 코드는 다음과 같은 모듈을 임포트하며 시작한다.

```
var express = require('express');
var path = require('path');
var arest = require('arest');
```

그러고 나서 express 프레임웍을 기반으로 app을 생성하고, port는
3700으로 설정한다.

```
var app = express();
var port = 3700;
```

뒤에 코딩할 그래픽 인터페이스를 가져올 위치, 그리고 인터페이스 코드
의 위치를 명시하는 것도 잊지 말아야 한다.

```
app.use(express.static(path.join(__dirname, 'public')));
app.use(express.static(path.join(__dirname, 'views')));
```

이제 서버에 두 개의 경로를 생성해야 한다. 첫 번째는 인터페이스 자체에
대한 것으로, 이 프로젝트의 그래픽 인터페이스에 접근하기 위해 사용할
URL이다. 경로를 정의하기 위해 /interface URL을 그에 대항하는
HTML 파일에 연결하자.

```
app.get('/interface', function(req, res){
  res.sendfile('views/interface.html')
});
```

아두이노 보드에 명령을 전송하기 위해 사용할 URL도 정의해야 한다. 이

를 위해 /send URL을 그에 해당하는 aREST Node.js 모듈 내의 함수에
연결해야 한다.

```
app.get("/send", function(req, res){
    arest.send(req,res);
});
```

app.js 파일 내에서 마지막으로 할 작업은 앞에서 정의한 port로 app을
시작하고 콘솔에 메시지를 쓰는 것이다.

```
app.listen(port);
console.log("Listening on port " + port);
```

여기까지가 메인 서버 파일에 대한 내용이었다면, 다음으로는 인터페이스
자체를 구축할 것이다. 우선 HTML 파일의 내용을 살펴보자. 이 파일은
프로젝트의 /view 폴더 내에 있으며, 그 전체 코드는 다음과 같다.

```html
<head>

<LINK href="/css/interface.css" rel="stylesheet" type="text/css" />
<LINK href="/css/flat-ui.css" rel="stylesheet" type="text/css" />

<script type="text/javascript" src="/js/jquery-2.0.3.min.js"></script>
<script type="text/javascript" src="/js/interface.js"></script>
<script type="text/javascript" src="/js/arest.js"></script>

</head>

<body>
```

```
<div class="mainContainer">

<div class="title">Home Automation System</div>

<div class="buttonBlock"><span class="buttonTitle">Lamp</span>

        <button class="btn btn-block btn-lg btn-primary"
        type="button"  id="1"  onClick="buttonClick(this.id)">On
        </button>
        <button class="btn btn-block btn-lg btn-danger"
        type="button"  id="2"  onClick="buttonClick(this.id)">Off
        </button>

</div>

<div class="buttonBlock"><span class="buttonTitle">Motion sensors
</span>

    <div class="sensorBlock"><span class="sensorTitle">Sensor 1
    </span>
      <span class="display" id="display_1"></span>
    </div>

    <div class="sensorBlock"><span class="sensorTitle">Sensor 2
    </span>
      <span class="display" id="display_2"></span>
    </div>

</div>

</div>
</body>
```

이 파일의 시작 부분에서는 인터페이스상에서 클릭을 처리하고 아두이노 보드로 올바른 명령을 전송하기 위한 몇 개의 자바스크립트 파일을 임포트한다.

```
<script type="text/javascript" src="/js/jquery-2.0.3.min.js"></script>
<script type="text/javascript" src="/js/interface.js"></script>
<script type="text/javascript" src="/js/arest.js"></script>
```

또한 인터페이스의 그럴싸한 외관을 위해 몇 개의 css 파일을 포함시킨다.

```
<LINK href="/css/interface.css" rel="stylesheet" type="text/css" />
<LINK href="/css/flat-ui.css" rel="stylesheet" type="text/css" />
```

다음으로 두 개의 코드 블록이 이어진다. 첫 번째는 WiFi로 램프를 제어하기 위한 두 개의 버튼을 생성하는 부분이다.

```
<button class="btn btn-block btn-lg btn-primary"
type="button" id="1" onClick="buttonClick(this.id)">On</button>

<button class="btn btn-block btn-lg btn-danger"
type="button" id="2" onClick="buttonClick(this.id)">Off</button>
```

두 번째 블록은 XBee 모션 센서의 상태를 보여주기 위한 부분이다.

```
<div class="sensorBlock"><span class="sensorTitle">Sensor 1</span>
  <span class="display" id="display_1"></span>
</div>

<div class="sensorBlock"><span class="sensorTitle">Sensor 2</span>
  <span class="display" id="display_2"></span>
</div>
```

이제 프로젝트의 public/js 폴더 내에 위치한 interface.js 파일의 내용을 살펴보자. 전체 코드는 다음과 같다.

```javascript
// Hardware parameters
wifi_address = 'arduino.local';
xbee_address = '/dev/ttyUSB0';

setInterval(function() {

  // Get sensor data
  json_data = send('serial', xbee_address, '/digital/8');

  // Get sensor ID
  var sensorID = json_data.id;

  // Update display
  if (json_data.return_value == 0){
    $("#display_" + sensorID).css("background-color","gray");
  }
  else {
    $("#display_" + sensorID).css("background-color","orange");
  }

}, 2000);

// Function to control the lamp
function buttonClick(clicked_id){

  if (clicked_id == "1"){
    send('wifi', wifi_address, "/digital/8/1");
  }

  if (clicked_id == "2"){
    send('wifi', wifi_address, "/digital/8/0");
  }

}
```

우선은 컴퓨터에 연결된 XBee 모듈과 WiFi 모듈의 하드웨어 주소를 정의해야 한다. 컴퓨터에 연결된 XBee 모듈의 이름, 그리고 WiFi 모듈의 WiFi 주소를 여기에 입력하자.

```
wifi_address = 'arduino.local';
xbee_address = '/dev/ttyUSB0';
```

다음으로는 매 2초마다 XBee 모션 센서의 상태를 체크하고 움직임을 감지했을 경우에는 그에 맞게 디스플레이를 업데이트한다.

```
setInterval(function() {

  // Get sensor data
  json_data = send('serial', xbee_address, '/digital/8');

  // Get sensor ID
  var sensorID = json_data.id;

  // Update display
  if (json_data.return_value == 0){
    $("#display_" + sensorID).css("background-color","gray");
  }
  else {
    $("#display_" + sensorID).css("background-color","orange");
  }

}, 2000);
```

램프 제어용 버튼에 대한 클릭도 처리해야 한다. 이에 해당하는 코드는 다음과 같다.

```
function buttonClick(clicked_id){

  if (clicked_id == "1"){
    send('wifi', wifi_address, "/digital/8/1");
  }

  if (clicked_id == "2"){
    send('wifi', wifi_address, "/digital/8/0");
  }

}
```

참고로 이 장에 사용되는 모든 코드는 이 책의 GitHub 저장소에서 찾을 수 있으며 그 주소는 다음과 같다.

https://github.com/openhomeautomation/home-automation-arduino

이제 인터페이스를 테스트해보자. GitHub 저장소에서 전체 파일을 다운로드했는지 확인하고, 코드 중 아두이노 보드의 주소와 XBee 주소처럼 각자의 환경에 맞게 수정해야 될 부분은 업데이트하자. 또한 이 장의 앞부분에서 본 코드가 아두이노 보드에 프로그래밍되어 있어야 한다.

그리고 터미널을 통해 인터페이스 폴더에 진입해서 다음 명령을 통해 aREST 모듈을 설치하자.

```
sudo npm install arest
```

윈도우 환경에서 작업 중이라면 명령어 앞의 sudo를 빼야 하며, Node.js 명령 프롬프트를 사용하는 것이 좋다.

또한 XBee 모듈에 접근하기 위해 node-serialport 모듈을 설치해야 한다.

```
sudo npm install serialport
```

만약 라즈베리 파이를 사용하고 있다면 다음과 같이 이 모듈의 구 버전을 사용해야 한다.

```
sudo npm install serialport@1.4.2
```

그리고 express 모듈을 설치하기 위해 다음 명령을 입력하자.

```
sudo npm install express
```

마지막으로, 다음과 같이 입력해서 Node.js 서버를 시작하자.

```
sudo node app.js
```

서버를 시작하면 터미널에 다음 메시지가 나타나야 한다.

```
Listening on port 3700
```

이제 웹브라우저에서 다음 주소를 입력하자.

```
localhost:3700/interface
```

브라우저 내에 인터페이스가 나타나고, 램프 제어용 버튼과 XBee 센서의 상태를 볼 수 있을 것이다. 센서 중 하나에 대고 손을 흔들면 그에 따라 인터페이스의 디스플레이가 반응할 것이다.

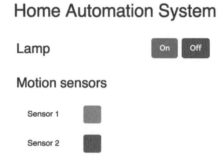

버튼 중 하나에 대고 클릭하면, 곧바로 램프가 꺼질 것이다.

만약 이 시점에서 작동에 문제가 있다면 몇 가지 부분을 확인해보아야 한다. 우선 책의 GitHub 저장소에서 최신 버전의 코드를 다운로드했는지 확인하자. 또한 각자의 환경에 맞게 수정해야 할 부분, 즉 블루투스 모듈의 시리얼 포트나 WiFi 모듈의 주소와 같은 내용을 알맞게 수정했는지 확인하다. 마지막으로, 웹 인터페이스를 시작하기 전에 Node.js 모듈을 npm으로 설치하였는지 확인하자.

7.5 향후 해볼 만한 것

이 장에서 배운 내용을 요약해보자. 여기에서 만든 시스템은 이미 4장과 6장에서 다룬 내용을 합친 것으로, 여러 개의 XBee 모션 센서와 WiFi 램프 컨트롤러를 만들었다. 이 모듈 각각을 테스트하고 하나의 인터페이스에 통합함으로써 모든 것을 중앙에서 모니터할 수 있게 된 것이다.

이 프로젝트에도 물론 확장과 개선의 여지가 많이 있다. 코드를 거의 똑같이 재사용하면서 WiFi 램프 컨트롤러나 XBee 모션 센서의 수를 늘릴 수 있다. 다른 종류의 센서를 추가하는 것도 가능하다. 예를 들어 5장에서 다룬 온도, 습도 및 조도 센서를 추가할 수 있을 것이다.

또한 모션 센서의 측정값을 릴레이 활성화와 연결 짓는 등의 방법을 통해 이 시스템을 더 복잡한 방식으로 작동하게 할 수도 있다. 모션 센서와 램프가 같은 방에 있다면, 화장실처럼 방 안의 움직임에 따라서 자동으로 릴레이가 켜지도록 시스템을 설정할 수 있다.

사실 하나의 시스템 내에 여러 종류의 무선 모듈을 엮는 것은 보통 추천하는 바가 아니다. 예를 들어, 모든 액츄에이터(릴레이)는 WiFi로만 사용하고, 모든 센서(모션, 온도, 습도…)는 XBee로만 사용하는 것이 낫다.

Chapter 08

결 론

08 결론
Chapter

8.1 책에서 배운 내용은?

벌써 이 책의 내용도 끝나간다. 저자가 이 책을 쓰고 프로젝트를 직접 구현하며 느꼈던 즐거움을 독자 여러분도 함께 느꼈기를 바란다. 이 책에서 배운 내용을 전체적으로 요약보자.

이 책의 전반부에서는 센서와 다른 부품을 아두이노 플랫폼과 인터페이스하게 만들고 이를 통해 홈 오토메이션 시스템을 만드는 방법을 알아보았다.

1장에서는 아두이노 플랫폼의 기본을 배우고, 이 플랫폼을 홈 오토메이션 프로젝트에 어떻게 사용할 수 있는지도 배웠다. 그리고 아주 기초적인 첫 번째 아두이노 홈 오토메이션 시스템을 만들었다. 바로 간단한 모션 센서와 연결된 알람이었다.

2장에서는 일반적인 홈 오토메이션 프로젝트의 기본에 대해 전반적인 내용을 다루었다. 아두이노를 사용해서 센서로부터 데이터를 읽는 방법, 그리고 그 결과를 LCD 스크린에 표시하는 방법 등을 배웠다.

다음으로는 아두이노를 사용하여 램프를 제어하는 방법을 배웠다. 램프를 의도적으로 제어하기 위해 릴레이를 사용하였으며, 램프의 전류 및 전력 소모를 측정하기 위한 다른 부품도 사용하였다. 여기에 또한 조도 센서를 결합함으로써 밤이 되면 자동으로 램프가 켜지는 프로그램을 만들 수 있었다.

이 책의 후반부에서는 전반부에서 배운 내용을 바탕으로 아두이노에 기반한 무선 홈 오토메이션 시스템을 만들었다.

우선 앞에서 개발한 모션 센서 모듈을 바탕으로 XBee 기술을 이용하여 무선으로 모션 센서의 측정값을 모니터링하는 내용을 다루었다. 이 새로운 하드웨어를 이용하면 여러 개의 모션 센서를 집 안에 설치하고 컴퓨터에 있는 중앙 인터페이스를 사용해서 모니터하는 것이 가능했다.

동일한 개념을 사용해서 온도, 습도 및 조도를 측정하는 시스템에도 무선 기능을 구현할 수 있었다. 시스템에 블루투스 모듈을 추가함으로써 웹브라우저에서 각 센서의 측정값을 모니터할 수 있었다.

다음 장에서는 램프 제어 시스템에 WiFi를 추가해서 원격으로 램프를 제어하고, 그 전력 소모를 모니터할 수 있었다. WiFi를 이용한 덕택에 스마트폰이나 태블릿을 통해서도 램프를 직접 제어하는 것이 가능했다.

마지막으로, 이 책의 마지막 장에서는 배운 내용을 모두 활용해서 여러 개의 XBee 모션 센서 및 WiFi 제어 램프를 통합한 홈 오토메이션 시스템을 만들었다. 또한 이 모든 것을 중앙 소프트웨어에 통합하여 하나의 인터페이스로 집 안을 모니터하고 제어할 수 있게 되었다.

물론 이 책을 읽으면서 배운 것은 아두이노와 홈 오토메이션에 대한 것에

국한되지 않는다. 이 과정에서 자바스크립트와 HTML과 같은 다른 프로그래밍 언어에 대한 탄탄한 지식을 쌓았으며, 이는 여러 분야에서 유용하게 사용할 수 있는 지식이 될 것이다.

8.2 향후 해볼 만한 것은?

이 책을 통해 배운 아두이노 플랫폼과 홈 오토메이션에 대한 지식을 바탕으로 이제 더욱 발전된 자신만의 홈 오토메이션을 설계할 수 있을 것이다. 하지만 한 가지 중요한 질문을 먼저 던져보자. 어떻게 시작할 것인가?

아직 자신의 기술에 100% 자신 있는 상태가 아니라면 우선은 이 책의 프로젝트들을 복습하고 책의 도움 없이 스스로 구현해보는 작업이 필요할 것이다. 이를 통해 기술을 탄탄하게 다지고, 다른 프로젝트를 할 수 있는 자신감도 얻을 수 있다.

저자의 두 번째 조언은 작게 시작하라는 것이다. 기술이 모자라서 집에서 하고 싶었지만 하지 못한 프로젝트가 있지 않은가? 지금이 바로 시작하기에 좋은 때다. 하지만 완벽한 주택 보안 시스템을 설계하고 개발하는 방식으로 시작하지는 말기를 바란다! 예를 들자면, 우선 아두이노에 센서를 연결하고 문이 열려 있는지 확인하는 정도로 시작해보자. 그 다음엔 다른 센서를 추가한다. 여기까지 잘 작동한다면 LCD 스크린과 버튼을 더해서 기본 인터페이스를 만든다. 그 후에는 이 책에서 배운 내용을 통해 컴퓨터의 인터페이스로 연결한다. 여기에서 조금만 더 나아가면 완전한 보안 시스템이 완성되는 것이다.

그리고 마지막으로 하고 싶은 말이 있다. 즐겁게 하기를! 이 책의 프로젝트를 따라가기로 마음먹었다면 아마도 상용 홈 오토메이션을 구입하기보다는 자신만의 시스템을 직접 개발하는 데에 관심을 가졌기 때문일 것이다. 그리고 그 이유는 아마도 자신만의 장치를 만들어 제어하고 실험하는 데에 관심이 있어서일 것이다. 더 나은 시스템을 만들기 위한 최고의 방법은 즐겁게 일하는 것이다. 처음에 완벽한 무엇인가를 만들 필요는 없다. 시간을 들여 실험하고, 수정하고, 가지고 놀아보자. 이를 통해 자신감을 얻을 것이고, 행복함을 느끼게 되어 점점 더 복잡한 시스템을 만들고 실험하는 과정으로 나아갈 것이다.

이 책을 마무리하며 오픈소스 하드웨어를 이용한 홈 오토메이션의 미래에 대해 이야기하고자 한다. 홈 오토메이션 분야의 미래를 향한 많은 트렌드에는 무궁무진한 가능성이 담겨 있다.

첫 번째는 이 책을 쓰고 있는 시점의 주류가 되어가는 기술, 3D 프린팅이다. 이 말이 낯선 이를 위해 설명하자면, 3D 프린팅이란 사물을 층층이 쌓아 만드는 기술이다. 3D 프린터의 핵심은, 프로세서의 제어를 통해 위아래로 움직이며 컴퓨터에서 디자인한 3D 사물의 설계를 그대로 재현하는 프린팅 헤드이다. 이 기술은 작은 사물의 빠른 프로토타이핑을 가능하게 해주며, 이미 많은 디자이너들이 작은 제품을 빠른 시간 내에 개발하는 데에 3D 프린팅을 사용하고 있다. 사출 성형과 같은 기존의 일반적인 제조 기술과 비교하면 3D 프린팅은 비용이 저렴하고 책상 위에 둘 수 있을 정도로 장비의 규모가 작기 때문에 작은 사물의 프로토타이핑에 더 적합하다.

자, 홈 오토메이션의 애호가가 된다는 것은 무엇을 의미하는가? 저자는 이러한 사람이 미래의 판도를 바꿀 것이라고 생각한다. 이 책에서 본 것과 같이 집에 상용품과 동일한 기능을 가지는 기본 알람 시스템을 만드는 것은 얼마든지 가능하다. 하지만 상용 시스템에 비해 모자란 것이 한 가지 있다. 바로 상용 시스템에서 볼 수 있는 멋진 플라스틱 기구물의 외관과 디자인이 없다는 점이다. 프로토타이핑 수준에서 가지고 놀기에는 괜찮지만 장기적으로 사용할 홈 오토메이션을 만들고 싶다면 만족스럽지 못할 것이다.

저자는 3D 프린팅이 이에 대한 해답이 될 것이라고 생각한다. 이전에는 누구도 자신의 알람 시스템이나 센서를 위한 자신만의 기구물을 만들 수 없었다. 매우 큰 돈을 들여서 금형을 만들어야 하고, 이 금형을 가지고 공장에서 사출물을 찍어내야 했다. 하지만 이제 3D 프린팅과 함께라면 이것이 가능해진다. 컴퓨터에서 기구 부품들을 설계하고, 아주 저렴한 가격에 3D 프린터로 만들 수가 있는 것이다. 또한 자신이 설계한 사물을 만들기 위해 단기적으로 3D 프린터를 빌려 쓸 수 있는 공간이 전 세계적으로 늘어나고 있다. 그 중 하나가 팹 랩(fab lab)으로 제작에 필요한 온갖 도구를 이용할 수 있는 곳이다. 다음 주소에서 이러한 팹의 목록을 확인할 수 있다.*

　　http://fab.cba.mit.edu/about/labs/

이러한 기술을 바탕으로, 상용 시스템 못지않은 외관을 지닌 홈 오토메이션 시스템을 직접 만들 수도 있을 것이다.

저자가 눈여겨보고 있는 다른 트렌드는 점차 늘어나는 사물의 연결성이다. 이 트렌드는 최근에 사물 인터넷(IoT, internet of things)이라는 용어로

---

* 국내에도 이런 공간이 점점 늘어나고 있는 추세이며, 대표적으로 팹랩 서울과 오픈크리에 이터스가 있다. 각각의 웹사이트는 다음과 같다.
팹랩 서울: http://www.fablab-seoul.org
오픈크리에이터스: http://www.opencreators.com

통칭되는데, 이는 집 안의 모든 사물, 심지어는 모든 생활 속의 모든 사물이 결국은 인터넷을 통해 연결될 것이라고 예측하고 있다. 아직은 모든 것을 표준화할 수 있을 정도의 하드웨어와 개방된 프로토콜이 없지만 앞으로 수 년 내로 이에 대한 담론은 더욱 가열될 것이다.

오픈소스를 이용한 홈 오토메이션의 세상에서는 사물 인터넷이 큰 영향을 미칠 것이다. 아직은 센서를 웹에 연결하는 정도의 일에도 전용 아두이노 쉴드가 필요할 정도로 복잡도가 높은 것이 사실이다. 하지만 아두이노 플랫폼을 기반으로 한 보드들 중 내장 통신 기능을 갖춘 종류가 늘어나고 있는 것도 사실이다. 이 책을 쓰는 이 시점에도 아두이노 윤(Arduino Yun)처럼 이미 출시된 아두이노 보드 중 일부는 WiFi 통신 기능을 내장하고 있다.

이러한 통신 가능한 보드들과 함께, 연결성을 가진 홈 오토메이션 시스템을 제작하고 다른 장치들과 보이지 않게 결합하는 작업은 점점 쉬워질 것이라고 믿는다.

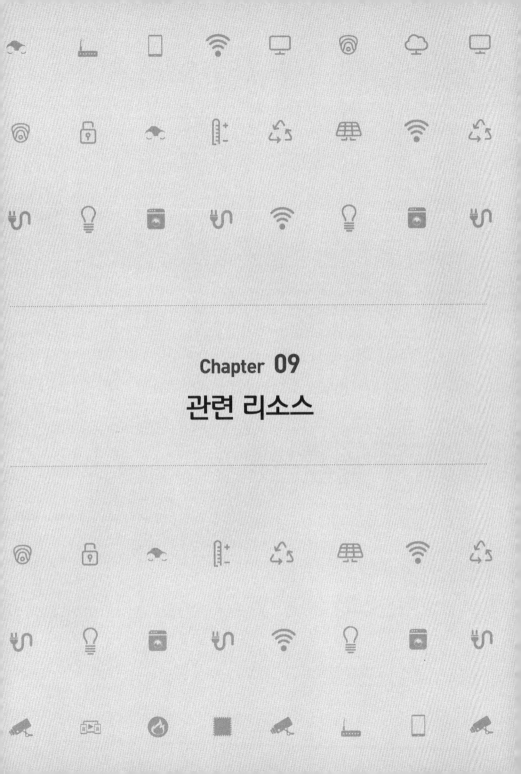

Chapter 09

관련 리소스

09

관련 리소스

다음에 아두이노를 통한 오픈소스 홈 오토메이션을 위한 최고의 자료를 모아놓았다. 독자들이 필요한 정보를 찾기 쉽게 하기 위해 몇 가지 분류로 자료를 나누었다.

아두이노 일반 정보

- Open Home Auto mation(오픈 홈 오토메이션) 이 책의 웹사이트로, 책의 내용을 넘어서 아두이노와 오픈소스 하드웨어를 사용하여 홈 오토메이션 시스템을 만드는 많은 프로젝트가 실려 있다.

- Arduino(아두이노) 아두이노 플랫폼의 레퍼런스 웹사이트이다. 아두이노와 관련된 프로젝트를 할 때에는 이곳 포럼의 능력자들이 상당한 도움을 줄 것이다.

- **Instructables(인스트럭터블)** 단계별 프로젝트 안내를 담고 있는 웹사이트이다. 'Arduino(아두이노)' 또는 'Home automation(홈 오토메이션)'으로 검색하면 멋진 프로젝트를 많이 찾을 수 있다.

- **Adafruit Learning System(에이다프루트 러닝 시스템)** 일반적인 메이킹에 대해 단계별로 설명한 고급 자료를 가지고 있는 온라인 학습 플랫폼이다. 아두이노 플랫폼을 사용하는 많은 프로젝트를 찾을 수 있으며, 그 중 일부는 홈 오토메이션에 대한 것이다.

부품

- **SparkFun(스파크펀)** 아두이노와 관련된 많은 제품을 판매하는 웹사이트이다. 모든 제품은 오픈소스이며, 제품 설명에서 소스 파일을 바로 다운로드할 수 있다.

- **Adafruit(에이다프루트)** 아두이노 플랫폼을 위한 고급 제품을 판매하는 뉴욕의 회사이다.

- **SeeedStudio(시드스튜디오)** 아두이노 플랫폼을 기반으로 한 자체 개발 상품을 판매하는 중국 회사이다. PCB 제작 및 조립 서비스도 자체적으로 제공한다.

추천 도서

- **Programming Arduino Getting Started With Sketches** 사이먼 몽크(Simon Monk)의 저서로, 깔끔하고 실용적인 아두이노 입문서로 추천할 만하다.

- ArduinoWorkshop A Hands-On Introduction 아두이노 플랫폼을 배우기 위한 간단한 프로젝트를 많이 담고 있는 좋은 책이다.

- Arduino Cookbook 마이클 마골리스(Michael Margolis)의 저서로, 아두이노 플랫폼에 대한 깊이있는 자료를 담은 훌륭한 책이다.

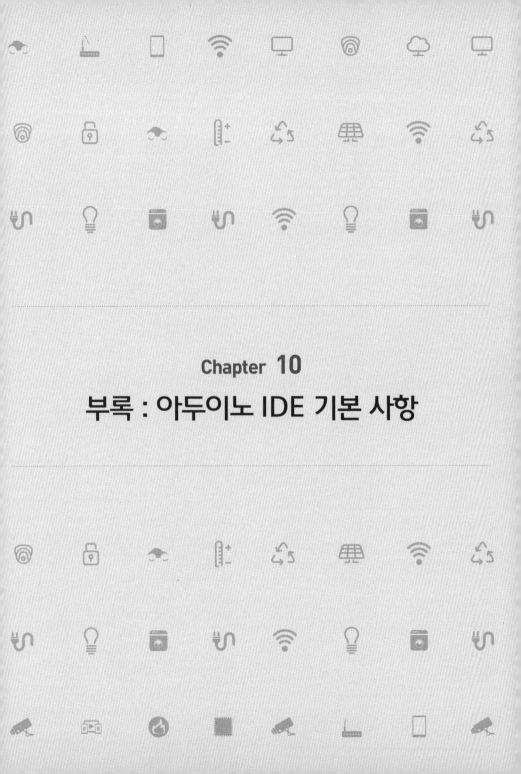

Chapter **10**
부록 : 아두이노 IDE 기본 사항

10

부록 : 아두이노 IDE 기본 사항

이 책에 포함되어 있지 않은 아두이노 IDE에 대한 업로드 등 메뉴의 간략한 설명을 설명하겠다. 이미 아두이노 IDE를 알고 있는 독자는 이 부록을 읽을 필요가 없다.

아두이노 IDE는 아두이노 스케치(아두이노에서는 개발된 프로그램 소스를 스케치라 한다)를 개발하는 통합 환경이다. 여기서 여러분은 코드를 입력하고, 컴파일(compile)한 후 아두이노 보드로 컴파일된 코드를 업로드할 수 있다. IDE를 실행하면 다음과 같은 화면을 볼 수 있다. 툴바 메뉴 의미는 다음과 같다.

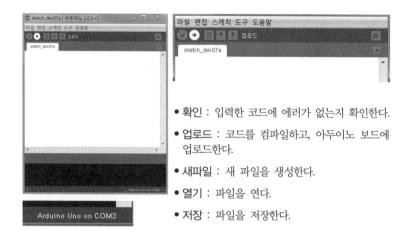

- **확인** : 입력한 코드에 에러가 없는지 확인한다.
- **업로드** : 코드를 컴파일하고, 아두이노 보드에 업로드한다.
- **새파일** : 새 파일을 생성한다.
- **열기** : 파일을 연다.
- **저장** : 파일을 저장한다.

'확인' 메뉴를 통해 입력한 스케치 코드에 이상이 없는지 확인할 수 있다. 이상이 있다면 스케치 코드 입력화면 아래의 메시지 창에 적색으로 잘못된 부분이 표시될 것이다. 수정 후 다시 '확인'해보도록 한다.

아두이노 보드에 코드를 업로드하기 전에 사용하는 아두이노 보드 타입을 선택해야 하며, 아두이노 보드와 컴퓨터 간 USB 시리얼 케이블로 연결되어 있어야 한다.

'도구〉보드' 메뉴에서 사용하는 아두이노 보드를 선택한다(저자의 경우, Arduino Uno로 선택되어 있다).

스케치 코드는 시리얼 통신 방식으로 전송된다. 그러므로 시리얼 통신용 COM 포트가 미리 앞의 그림과 같이 설정되어 있어야 한다.

'도구〉시리얼 포트〉' 메뉴에서 연결된 COM 포트를 설정해야 한다. 어떤 미니노트북의 경우 시리얼 통신 기능이 없어 COM 포트를 설정할 수 없는 경우가 있다.

개발 중에 스테핑 모터, 이더넷, WiFI, 로보틱스 제어, 3D 프린터 등을 위한 라이브러리가 필요할지 모른다. 이 경우 해당 라이브러리를 아두이노 인터넷 커뮤니티에서 다운로드한 후 본문에 언급한 바와 같이 Libraries 폴더에 복사해 넣거나 '스케치〉라이브러리 가져오기…〉Add Library' 메뉴를 이용해 다운로드한 라이브러리를 추가할 수 있다.

이외에 본문에서 사용했던 '도구〉시리얼 모니터'는 보드에 연결된 센서나 엑츄레이터의 상태를 확인할 때 매우 유용하다. '파일〉예제' 메뉴에서 분야별로 수많은 스케치 예제들이 포함되어 있다. 다른 기능에 대해서는 '도움말' 메뉴를 참고하라.

Chapter 11

부록 : 모터 제어 및 다수 장치 제어와 관련해

11
Chapter
부록 : 모터 제어 및 다수 장치 제어와 관련해

이 장에서는 책에서 언급되지 않은 부분들(스테핑 모터와 같은 액츄레이터, 다수 장치 제어 등)을 간략히 소개한다. 참고로, 메이크진(http://makezine.com/category/electronics/arduino/) 사이트에서는 좀 더 큰 프로젝트를 개발한 사례가 오픈소스로 공개되어 있다.

모터 제어는 아두이노 홈페이지에서 다음과 같이 간단한 예제(http://arduino.cc/en/Tutorial/Knob)를 제공하고 있다.

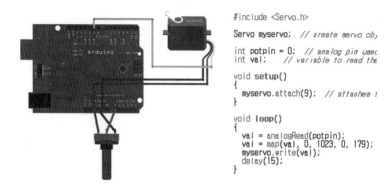

```
#include <Servo.h>

Servo myservo;  // create servo obj

int potpin = 0;  // analog pin usec
int val;         // variable to read the

void setup()
{
  myservo.attach(9);  // attaches t
}

void loop()
{
  val = analogRead(potpin);
  val = map(val, 0, 1023, 0, 179);
  myservo.write(val);
  delay(15);
}
```

서보(Servo) 모터 제어 예제(출처 : 아두이노 사이트, http://arduino.cc/en/Tutorial/Knob)

모터는 빠른 고속회전이 가능한 DC 모터, 정확한 각도로 회전을 제어할 수 있는 서보모터 및 스테핑(Stepping)모터로 구분할 수 있다. 서보모터는 회전 값이 180~270도로 제한되는 경우가 대부분이다. 스테핑 모터는 360도의 회전 자유도를 갖는다.

스테핑모터는 활용도가 크지만 직접 앞의 예와 같이 아두이노 보드와 연결하고 동작시키다가 갑자기 아두이노 보드 전원을 뽑았을 때 모터의 내부 관성으로 인한 회전이 전자기 유도현상을 발생시킬 수 있다. 이때 자체적으로 고전압이 발생하고 아두이노 보드로 고전압 전류가 역류하면 CPU가 타버릴 수 있으므로 역전류를 막는 달링톤(Darlington) 회로가 구성된 소자를 그 사이에 연결해 안전하게 동작되도록 한다. 시중에 싸게 구할 수 있는 스테핑모터는 KHL35LL16K로 24V 입력을 받을 수 있다. 데이터 시트를 보면 6개의 선이 있는데, 흰색과 회색은 모터에 인가하고 싶은 전압을 제공하는 별도 전원(Vcc, 보통 9볼트 건전지를 사용하면 된다)과 연결하고, GND는 아두이노 보드의 GND와 같은 선에 연결한다. 나머지 오렌지색, 검정색, 노란색, 고동색은 시그널에 따라 모터를 회전시키는 데 사용된다.

다음 그림은 데이터시트에 포함된 달링톤 회로 7개로 구성된 ULN2003APG 칩이다. 보통 스테핑 모터를 구성하기 위한 달링톤 회로는 저렴하며 구하기 쉬운 ULN2003APG 칩을 사용한다. 칩을 구입할 때 브레드보드에 꽂을 수 있는 DIP(Dual Inline Package) 타입을 선택해야 함에 주의한다.

PIN CONNECTION

IN 1	1	16 OUT 1
IN 2	2	15 OUT 2
IN 3	3	14 OUT 3
IN 4	4	13 OUT 4
IN 5	5	12 OUT 5
IN 6	6	11 OUT 6
IN 7	7	10 OUT 7
GND	8	9 COMMON FREE WHEELING DIODES

S-1977

데이터시트를 보면 왼쪽과 같은 회로도가 표시되어 있다. 칩은 U형태 홈이 파여져 있는 쪽이 위쪽이다. 양쪽에 핀 발이 나와 있고 번호는 회로도에 표시된 번호와 같다.

이 칩은 5V를 입력(in)하면 0V 출력(out)되는 부품으로 CPU를 스테핑모터의 24V의 전류로부터 보호한다. 달링톤 회로는 두 개의 트랜지스터 소자를 직렬로 연결시켜 큰 출력을 요구하는 소자와 연결에 사용한다. 이런 안전회로는 높은 구동 전압이나 전류를 요구하는 모터 소자 등에 활용된다.

데이터시트를 보면 왼쪽과 같은 회로도가 표시되어 있다. 칩은 U형태 홈이 파여져 있는 쪽이 위쪽이다. 양쪽에 핀 발이 나와 있고 번호는 회로도에 표시된 번호와 같다.

이 칩은 5V를 입력(in)하면 0V 출력(out)되는 부품으로 CPU를 스테핑모터의 24V의 전류로부터 보호한다. 달링톤 회로는 두 개의 트랜지스터 소자를 직렬로 연결시켜 큰 출력을 요구하는 소자와 연결에 사용한다. 이런 안전회로는 높은 구동 전압이나 전류를 요구하는 모터 소자 등에 활용된다.

아두이노 사이트에는 달링톤 회로와 스테핑모터를 이용한 다음과 같은 예제를 제공하고 있다.

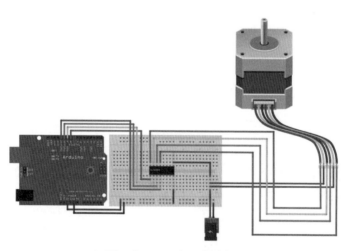

스테핑모터(Stepping) 모터 제어 예제
(출처 : 아두이노 사이트, http://arduino.cc/en/Tutorial/MotorKnob)

이를 응용하면 주변 밝기에 따라 방의 커튼을 올리고 내리는 정도의 응용은 매우 손쉽게 개발할 수 있다.

아두이노 입출력 핀을 초과한 다수 동작 장치(센서 및 액추레이터)를 활용하는 경우 아두이노 보드의 입출력 포트가 제한되므로 문제가 된다. 이럴 경우 출력할 신호를 메모리에 미리 저장해 놓고 저장된 1비트들을 병렬(Parallel)로 출력할 수 있어야 한다. 이럴 때 대표적으로 사용되는 칩이 74HC595 쉬프트 레지스터이다.

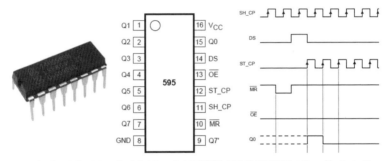

74HC595 8-Bit Serial to Serial / Parallel IC(출처 : SOLARBOTICS, https://solarbotics. com/product/74hc595/)와 필립스에서 개발한 74HC595칩 데이터시트 메뉴얼

이 칩은 1비트를 저장할 수 있는 메모리(Latch, Flipflop이라 부르기도 함) 입력 핀이 1개, 클럭 신호 인가 핀 1개, 1비트 메모리와 연결된 8개 출력 핀으로 구성된다. 클럭 신호가 5V가 될 때마다 입력 핀 신호가 쉬프트되면서 8개 1비트 메모리에 저장된다. 저장된 1비트 메모리는 연결된 출력 핀으로 저장된 값을 전압 값으로 검출할 수 있다. 이를 여러 개 연결해 사용하면 제한 없이 많은 센서와 액추레이터에 신호를 입출력할 수 있

다. 다음은 이렇게 연결한 쉬프트 레지스터 예이다.

Serial to Parallel Shifting-Out with a 74HC595(출처: 아두이노 사이트, http://www.
arduino.cc/en/Tutorial/ShiftOut)와 LED Cube(출처: Liam Jackson, LED CUBE 74
HC595 ULN2803 Arduino, https://www.youtube.com/watch?v=ztJTyiKlwgl)

이외에 프로젝트를 하면서 해결이 안 되는 문제들은 아두이노 커뮤니티를
통해 도움을 받을 수 있다.

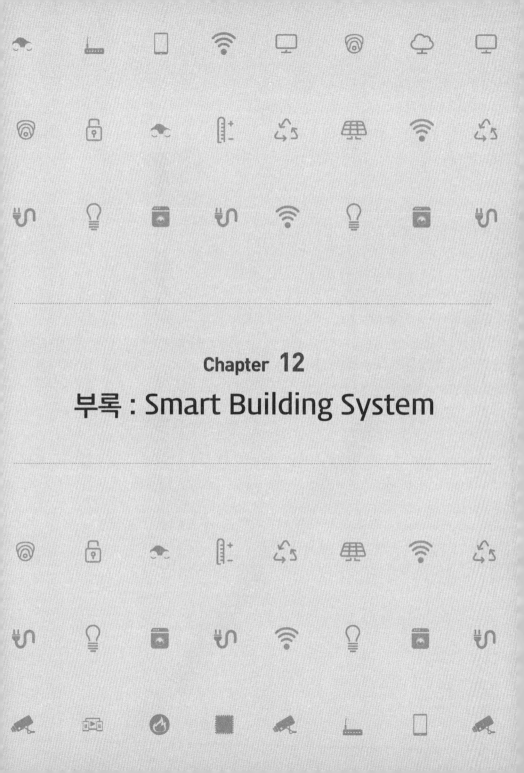

Chapter **12**
부록 : Smart Building System

12

부록 : Smart Building System

이 장은 본 책에서 프로젝트한 홈 오토메이션을 뛰어 넘어 빌딩 오토메이션의 처리 방식을 간략히 이야기한다. 빌딩 오토메이션 시스템(BAS, building automation system)과 클라우드(cloud) 컴퓨팅 기반의 시설물 관리/운영 방식을 스마트 빌딩이라 한다. 최근 스마트 빌딩은 IoT 기기들과 연계되고 있다.

스마트 빌딩은 환경과 반응하는 시스템이며, 시스템을 구성하는 각 구성요소들은 서로 유기적인 관계를 가지고 있다. 이를 뒷받침하는 빌딩 오토메이션 시스템은 네트워크 기반으로 공조, 보안, 조명 등 빌딩 구성 컴포넌트들의 상태들를 중앙 관리할 수 있는 시스템이다. 중앙 관리를 위해 통합 데이터베이스를 구축하고, 각 컴포넌트들로부터 센서 값을 수집하고, 공조 등에 연결된 릴레이 스위치나 전자식 밸브와 같은 액츄레이터 장치에 명령을 전달함으로써 빌딩 시스템을 유기체처럼 움직이게 한다. 이 기술을 잘 활용하면 효과적인 시설물·에너지 관리가 가능하다.

빌딩의 구성요소에서 시설물 관리 의사결정에 필요한 데이터를 획득하기 위해서는 책에서 언급된 온도, 습도, 접촉 센서와 같은 디바이스를 이용하고, 이 장치에서 얻은 데이터를 효과적으로 통합 데이터베이스에 전달한다. 의사결정에서 특정 공간의 온도, 습도, 조명 등을 제어하려면, 엑츄레이터에 원하는 설정 값이 되도록 제어 신호를 보내야 한다.

이런 센서와 엑츄레이터는 이 책에서 모두 언급된 것이고, 같은 방식으로 쉽게 개발할 수 있다. 다만 센서나 액츄레이터의 종류는 매우 많을 수 있고, 메이커마다 개발한 센서에서 얻는 데이터 형식이나 액츄레이터의 신호 체계가 서로 다를 수 있다면, 각 스마트 장치가 고장날 때 해당 메이커만 그 문제를 해결할 수 있을 것이고, 메이커가 없다면 그 장치를 역공학하여 문제를 해결해야 한다. 또한 BAS(Building Automation System), FMS(Faciliity Management System), BEMS(Building Energy Management System)가 이런 데이터를 활용하려면 각 제조사별로 만든 데이터 신호 체계에 맞춰 개발을 해야 하며, 각 센서로부터 데이터를 얻기 위한 통신 프로토콜 또한 개별적으로 개발해줘야 하는 문제가 발생한다.

이런 문제를 해결하기 위해 BACNet(www.bacnet.org), KNX(www.knx.org), LonWorks와 같은 BAS을 위한 표준 프로토콜이 개발되어 사용되고 있다. 이런 표준 프로토콜은 기존에 조명 제어 등을 위해 개발되었던 DALI(Digital Addressable Lighting Interface) 표준과도 호환할 수 있는 인터페이스를 구현하고 있다.

이런 표준 프로토콜을 통해 통일된 방식으로 각 센서나 액츄레이터 노드들과 데이터/제어신호를 주고받는다. 이런 기능을 구현하기 위해서 BAS 표준 프로토콜은 BAS 노들 중에 데이터를 전달하거나 받고자 하는 노드를 지정할 수 있는 주소 지정 방식, 노드의 데이터 입출력 방법, 명령 등을 명확히 지정하고 있다.

이는 마치 다음과 같은 대화형식으로 각 BA S노드들의 데이터를 얻거나 명령을 전달할 수 있도록 하여, TCP/IP 네트워크 스택과 하드웨어의 동작 방법, 각 센서나 액츄레이터의 조작 신호, 데이터 보안 등의 문제들을 신경 쓰지 않아도(은닉하고) 각 시설물 각 구성요소를 자동 제어할 수 있다.

    Get PowerStatus#103

    TurnOn Light#999, 50

    TurnOff HVAC#809, 30

의사결정에 필요한 데이터는 ODBC(Open Database Connectivity)나 JDBC(Java Database Connectivity)를 이용해 통합 데이터베이스에 저장한다. 통합 데이터베이스에 저장된 데이터는 SQL(Structured Query Language)를 이용해 의사결정에 필요한 데이터만 추출, 가공 및 마이닝(data mining)되어 의사결정자에 필요한 정보로 만들어지며, 정보는 일목요연한 데쉬보드(dashboard) 형태로 보인다.

BAS에서는 보안이 매우 중요하다. 접속권한이 해킹이 되면 빌딩 시설물 전체를 제어할 수 있으므로, 각 공간의 조명, 공조 설비와 연결된 엑츄레이터뿐 아니라 각 공간의 센서 데이터도 취득하여 불법적인 목적으로 활용할 수 있기 때문이다.

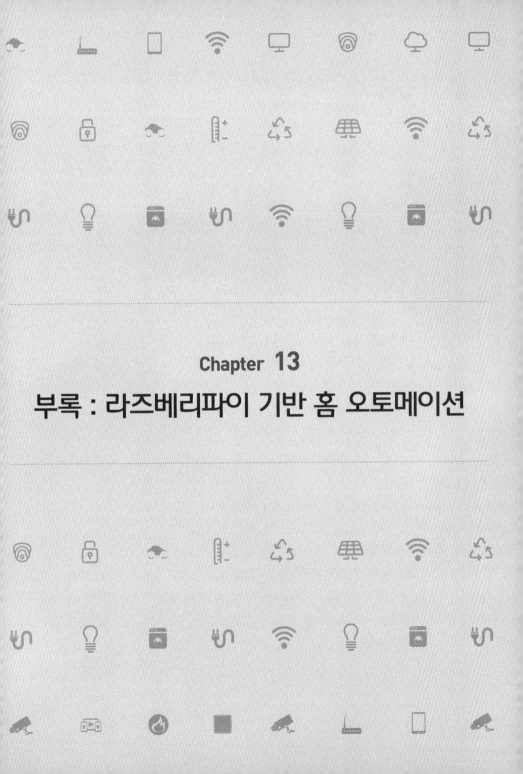

Chapter 13

부록 : 라즈베리파이 기반 홈 오토메이션

13 Chapter

부록 : 라즈베리파이 기반 홈 오토메이션

라즈베리파이(RPi. Raspberry Pi)는 매우 저렴한 소형 컴퓨터로 최근 $5가격에 판매되는 RPi Zero가 출시되었다. 성능이 뛰어나며 리눅스상에서 파이썬, 자바스크립트 등을 이용해 응용 어플리케이션을 개발할 수 있어 확장성이 좋다. 다만 개발 및 센서/액추에이터 통신 설정 방식은 아두이노에 비해 어렵다.

RPi 기반 홈 오토메이션 기술 개발에 대해, 이 책과 같은 콘셉트로 새로운 책이 출간되었으며, 관련 기술들은 본 책과 마찬가지로 GitHub에 오픈소스로 공개되어 있어, 본인만의 IoT 기반 홈 오토메이션 플랫폼을 만들 수 있다.

Home Automation with the Raspberry Pi:
Build Home Automation Systems Using
The Power of The Raspberry Pi Kindle,
Marco Schwartz

Chapter 14
부록 : 국내 부품 구매처

14 Chapter

부록 : 국내 부품 구매처

본 서에 나오는 모든 하드웨어 관련 부품의 구입처는 해외를 기준으로 표기되어 있다. 국내의 독자들이 이 책의 프로젝트를 직접 만들어보기 위해 해외 구매를 통해 부품을 구하려고 한다면 시간과 비용의 손실이 클 것이다. 그래서 국내의 전자 부품 사이트에서 이 책의 프로젝트에 필요한 부품을 구할 수 있는 링크를 아래에 정리하였다. 대부분의 부품을 국내에서도 구할 수 있지만 일부는 국내에서 구할 수 없어서 동일한 기능의 호환 모델의 구입처를 기재하였다.

Chapter 01 시작하기

- 아두이노 우노(http://www.devicemart.co.kr/34404 또는 http://artrobot.co.kr/front/php/product.php?product_no=547)

- PIR 모션 센서(http://artrobot.co.kr/front/php/product.php?pr

oduct_no＝757&main_cate_no＝&display_group＝)

- LED(http://www.devicemart.co.kr/2851)

- 330 옴 저항(http://www.devicemart.co.kr/886)

- 피에조 부저(http://www.devicemart.co.kr/10663)

- 브레드보드(http://artrobot.co.kr/front/php/product.php?prod
  uct_no＝435&main_cate_no＝&display_group＝)

- 점퍼선(http://artrobot.co.kr/front/php/product.php?product_
  no＝1037&main_cate_no＝54&display_group＝1) (20개 단위)

Chapter 02 건물 실내/실외 기상 관측소(Weather station) 만들기

- 아두이노 우노(http://www.devicemart.co.kr/34404 또는 http://
  artrobot.co.kr/front/php/product.php?product_no＝547)

- DHT11 센서(http://artrobot.co.kr/front/php/product.php?prod
  uct_no＝739&main_cate_no＝&display_group＝) (책의 예시와는
  달리 PCB에 커넥터와 함께 실장된 모듈)

- 4.7K 옴 저항(http://www.devicemart.co.kr/864)

- 포토셀(http://artrobot.co.kr/front/php/product.php?product_
  no＝252&main_cate_no＝&display_group＝)

- 10K 옴 저항(http://www.devicemart.co.kr/856)

- LCD 디스플레이(http://www.devicemart.co.kr/1075085) (호환 모델)

- 브레드보드(http://artrobot.co.kr/front/php/product.php?product_no=435&main_cate_no=&display_group=)

- 점퍼선(http://artrobot.co.kr/front/php/product.php?product_no=1037&main_cate_no=54&display_group=1(20개 단위)

Chapter 03 스마트 램프 만들기

- 아두이노 우노(http://www.devicemart.co.kr/34404 또는 http://artrobot.co.kr/front/php/product.php?product_no=547)

- 릴레이 모듈(http://www.devicemart.co.kr/1059439) (호환 모델)

- 전류 센서(http://www.devicemart.co.kr/1076928)

- 포토셀(http://artrobot.co.kr/front/php/product.php?product_no=252&main_cate_no=&display_group=)

- 10K 옴 저항(http://www.devicemart.co.kr/856)

- LCD 디스플레이(http://www.devicemart.co.kr/1075085) (호환 모델)

- 브레드보드(http://artrobot.co.kr/front/php/product.php?product_no=435&main_cate_no=&display_group=)

- 점퍼선(http://artrobot.co.kr/front/php/product.php?product_no=1037&main_cate_no=54&display_group=1) (20개 단위)

Chapter 04 XBee 모션 센서

- 아두이노 우노(http://www.devicemart.co.kr/34404 또는 http://artrobot.co.kr/front/php/product.php?product_no＝547)

- PIR 모션 센서(http://artrobot.co.kr/front/php/product.php?product_no＝757&main_cate_no＝&display_group＝)

- 아두이노 XBee 쉴드(http://artrobot.co.kr/front/php/product.php?product_no＝1069&main_cate_no＝&display_group＝)

- XBee 시리즈 1 모듈과 PCB 안테나(http://artrobot.co.kr/front/php/product.php?product_no＝775&main_cate_no＝&display_group＝)

- 점퍼선(http://artrobot.co.kr/front/php/product.php?product_no＝1037&main_cate_no＝54&display_group＝1) (20개 단위)

Chapter 05 블루투스 기반 기상 관측

- 아두이노 우노(http://www.devicemart.co.kr/34404 또는 http://artrobot.co.kr/front/php/product.php?product_no＝547)

- DHT11 센서(http://artrobot.co.kr/front/php/product.php?product_no＝739&main_cate_no＝&display_group＝) (책의 예시와는 달리 PCB에 커넥터와 함께 실장된 모듈)

- 포토셀(http://artrobot.co.kr/front/php/product.php?product_no＝252&main_cate_no＝&display_group＝)

- 10K 옴 저항(http://www.devicemart.co.kr/856)

- LCD 디스플레이(http://www.devicemart.co.kr/1075085) (호환 모델)

- 블루투스 모듈(http://artrobot.co.kr/front/php/product.php?product_no=189&main_cate_no=&display_group=) (호환 모델)

- 브레드보드(http://artrobot.co.kr/front/php/product.php?product_no=435&main_cate_no=&display_group=)

- 점퍼선(http://artrobot.co.kr/front/php/product.php?product_no=1037&main_cate_no=54&display_group=1) (20개 단위)

Chapter 06 WiFi 기반 조명 제어하기

- 아두이노 우노(http://www.devicemart.co.kr/34404 또는 http://artrobot.co.kr/front/php/product.php?product_no=547)

- 릴레이 모듈(http://www.devicemart.co.kr/1059439) (호환 모델)

- 전류 센서(http://www.devicemart.co.kr/1076928)

- 포토셀(http://artrobot.co.kr/front/php/product.php?product_no=252&main_cate_no=&display_group=)

- 10K 옴 저항(http://www.devicemart.co.kr/856)

- CC3000 WiFi 개발 보드(http://www.robotscience.kr/goods/view?no=5048&market=naver&NaPm=ct%3Di3d64fxs%7Cci%3Dcb6e72ded4eecce32da8d5970431ce5bdd4e3f8f%7Ctr%3Dslsl%7Csn%3D123626%7Chk%3D2e835d6b12cb9f17aa4fa2acab96f51f355

506ce)

- 브레드보드(http://artrobot.co.kr/front/php/product.php?product_no=435&main_cate_no=&display_group=)

- 점퍼선(http://artrobot.co.kr/front/php/product.php?product_no=1037&main_cate_no=54&display_group=1) (20개 단위)

Chapter 07 홈 오토메이션 시스템 개발

- 아두이노 우노(http://www.devicemart.co.kr/34404 또는 http://artrobot.co.kr/front/php/product.php?product_no=547)

- PIR 모션 센서(http://artrobot.co.kr/front/php/product.php?product_no=757&main_cate_no=&display_group=)

- 아두이노 XBee 쉴드(http://artrobot.co.kr/front/php/product.php?product_no=1069&main_cate_no=&display_group=)

- XBee 시리즈 1 모듈과 PCB 안테나(http://artrobot.co.kr/front/php/product.php?product_no=775&main_cate_no=&display_group=)

- USB XBee 익스플로러 보드(http://artrobot.co.kr/front/php/product.php?product_no=184&main_cate_no=&display_group=)

- CC3000 WiFi 개발 보드(http://www.robotscience.kr/goods/view?no=5048&market=naver&NaPm=ct%3Di3d64fxs%7Cci%3Dcb6e72ded4eecce32da8d5970431ce5bdd4e3f8f%7Ctr%3Dslsl%7C

sn%3D123626%7Chk%3D2e835d6b12cb9f17aa4fa2acab96f51f355
506ce)

- 점퍼선(http://artrobot.co.kr/front/php/product.php?product_
  no＝1037&main_cate_no＝54&display_group＝1) (20개 단위)

아두이노 기반 스마트 홈 오토메이션
-IoT 기반 스마트 홈 DIY-

초 판 인 쇄 2015년 2월 2일
초 판 발 행 2015년 2월 9일
초 판 2 쇄 2016년 1월 29일

저   자 Marco Schwartz
역   자 강태욱, 임지순
펴 낸 이 김성배
펴 낸 곳 도서출판 씨아이알

책 임 편 집 박영지
디 자 인 윤지환, 추다영
제 작 책 임 황호준

등 록 번 호 제2-3285호
등 록 일 2001년 3월 19일
주   소 (04626) 서울특별시 중구 필동로8길 43(예장동 1-151)
전 화 번 호 02-2275-8603(대표)
팩 스 번 호 02-2275-8604
홈 페 이 지 www.circom.co.kr

I S B N 979-11-5610-117-8 (93560)
정   가 18,000원